Gentests

Antworten zu Fragen aus der medizinischen Praxis

Hansjakob Müller

Gentests

Antworten zu Fragen aus der medizinischen Praxis

16 Abbildungen, 11 in Farbe, und 2 Tabellen, 2005

Prof. Dr. med. Hansjakob Müller
Abt. Medizinische Genetik UKBB/DKBW
Universität Basel
CH–4005 Basel
E-Mail hansjakob.mueller@unibas.ch

Fotografien: Bruno Caflisch, Basel

Die Deutsche Bibliothek verzeichnet diese Publikation in der Deutschen Nationalbibliographie; detaillierte bibliographische Daten sind im Internet über http://dnb.ddb.de abrufbar.

---

www.karger.com
Gedruckt von Reinhardt Druck, Basel (Schweiz), auf chlorfrei gebleichtem Papier
ISBN 3–8055–7820–2

Inhalt

Vorwort

Die Medizin hat ein klares Ziel. Sie will bei jedem Patienten den Grund seiner Krankheit herausfinden, um darauf basierend eine wirkungsvolle Therapie oder vorbeugende Massnahmen anbieten zu können. Die medizinische Forschung bemüht sich daher, Krankheitsursachen und -mechanismen auf die Spur zu kommen.

Nach der Entdeckung der Mikroben am Ende des 19. Jahrhunderts und den daraus abgeleiteten, erfolgreichen Hygienemassnahmen galt das Interesse vorerst den krankheitsverursachenden Umweltfaktoren; die Rolle der Veranlagung, also der Genetik, wurde in der Medizin lange verkannt. Dies hat sich in den letzten 50 Jahren nun grundlegend geändert. Mit naturwissenschaftlichen Methoden lässt sich die Bedeutung der Veranlagung bei der Auslösung bzw. dem Verlauf einer Krankheit immer eindeutiger nachweisen. Die Verfahren der Gentechnik eröffnen einen vertieften Einblick in das biochemische Geschehen, das Gesundheit und Krankheit zugrunde liegt. Dank ihr konnte die Medizin die Schwelle in ein neues Zeitalter, in dasjenige der «molekularen Medizin», überschreiten.

Wenn vermutet wird, dass eine Krankheit auf eine bestimmte Veranlagung zurückzuführen ist, so gilt es, den entsprechenden Defekt im Erbgut, also die dafür verantwortliche Mutation, zu identifizieren und damit genetische Diagnostik zu betreiben.

Gerade im deutschsprachigen Kulturraum begegnet man der genetischen Diagnostik heute noch mit Vorbehalten. Dies ist aus verschiedenen Gründen so. Die genetische Diagnostik bringt etwas sehr Persönliches an den Tag, etwas, das unser Schicksal und eventuell auch dasjenige von Angehörigen, zum Beispiel von Kindern, bestimmt. Zudem erinnern wir uns hier besonders an schreckliche rassenhygienische Massnahmen, die unwissenschaftlich und auf verbrecherische Art durch den Nazi-Staat umgesetzt wurden.

Die genetische Diagnostik hat – unbestreitbar – sehr sinnvolle Anwendungen. Mit der so genannten Bestätigungsdiagnostik kann man eine klinisch vermutete Diagnose bestätigen oder verwerfen, was man früher eventuell nur mit sehr aufwändigen und oft unangenehmen medizinischen Abklärungen, zum Beispiel mittels Muskelbiopsie und deren mikroskopischen Untersuchungen, erzielen konnte. Klinisch sehr ähnliche Krankheiten können verschiedene Ursachen haben, die sich mit einem Gentest direkt eruieren lassen.

Genetische Tests werden zunehmend eingesetzt, um die richtigen Medikamente für einen Patienten auswählen und diese individueller dosieren zu können, da wir sehr unterschiedlich auf solche reagieren. Zudem möchte man unerwünschte, gelegentlich sogar fatale Nebenwirkungen verhindern. Dank objektiv erhobenen wissenschaftlichen Daten wird eine massgeschneiderte Arzneimittelverschreibung und damit die personalisierte Medizin («personalized medicine») möglich.

Eine Krankheitsveranlagung braucht sich nicht schon bei der Geburt auszuwirken. So sind der erbliche Brust- und Eierstockkrebs oder der erbliche Dickdarm- und Mastdarmkrebs, aber auch die Chorea Huntington schon ab Zeugung angelegt, brechen aber erst im Erwachsenenalter aus. Gerade bei erblichen Tumorkrankheiten ist es wichtig, Anlageträger rechtzeitig zu erfassen, um dank einer sorgfältigen medizinischen Überwachung neu aufgetretene Tumoren in therapierbaren Frühstadien diagnostizieren zu können. Davon profitieren die Betroffenen im Hinblick auf Lebensqualität und Lebenserwartung.

Genetische Untersuchungen dienen auch der Familienplanung, wenn man verhindern will, dass Nachkommen mit schweren, unbehandelbaren genetischen Behinderungen zur Welt kommen. Dabei gilt es, eventuell vorgängig abzuklären, ob die Eltern überhaupt Überträger eines mutierten Gens sind, das zur Krankheit führen könnte.

Genetische Untersuchungen dürfen nur bei einer klaren Indikation vorgenommen werden, wenn also ein konkreter Anlass dazu besteht. Man muss wissen, nach was man suchen will! Kein Gentest ist perfekt; keiner kann alle möglichen Ursachen einer Erbkrankheit aufzeigen. Dafür gibt es biologische und technische Gründe. Zudem kennt man noch nicht alle Gene, welche z.B. die Veranlagung für den erblichen Brustkrebs oder das erbliche Dick- und Mastdarmkarzinom steuern. In einem Gen kann sich eine Vielfalt verschiedener Mutationsformen ereignen, die nicht alle mit jeder Testmethode erkennbar sind. Wenn aber die richtige Fragestellung mit dem richtigen Verfahren abgeklärt wird, liefern Gentests sehr verlässliche, reproduzierbare Resultate.

Genetische Untersuchungen sollte man erst nach reiflichen Überlegungen vornehmen, wobei auch mögliche Folgen zu bedenken sind, die ein Untersuchungsergebnis nach sich ziehen kann. Daher dürfen sie erst realisiert werden, wenn die zu untersuchenden Personen umfassend über die medizinischen und genetischen Gegebenheiten sowie mögliche psychosoziale Folgen aufgeklärt worden sind. Ratsuchende müssen in die Lage versetzt werden, möglichst autonom zu entscheiden, ob sie einen Gentest überhaupt wollen oder nicht, bzw. ob sie zu einem späteren Zeitpunkt die daraus hervorgehenden Resultate erfahren möchten. Daher muss eine genetische Beratung vor, während und auch nach der Untersuchung sichergestellt sein.

Von den Gegnern der modernen Genetik wird gerne darauf hingewiesen, dass bei ihrer Technologiefolgenabschätzung die beiden Blätter der Schere «Diagnostik» versus «Therapie und Prävention» immer weiter auseinander gehen. Dies ist heute tatsächlich der Fall. Neue innovative Behandlungs- und Präventionsmethoden lassen sich aber erst dann ableiten, wenn man die Ursache einer Krankheit genau kennt. Betroffene verstehen dies oft besser als gesunde Menschen. Sie erkennen in der genetischen Abklärung ihrer Krankheit den Sinn, dass man dadurch etwas lernen kann, von dem vielleicht nicht mehr sie, aber einmal spätere Generationen profitieren werden.

Die moderne Genetik fordert uns alle heraus: Personen mit krankheitsverursachenden Veranlagungen und ihre Angehörigen, das sie betreuende Medizinalpersonal, die Naturwissenschaftler im genetischen Diagnostik- und Forschungslabor, letztlich die gesamte Öffentlichkeit. Mehr Informationen über Genetik und genetische Diagnostik sind in dieser Situation gefragt. Dieser Ratgeber möchte daher aktuelle Informationen über die Rolle des Erbgutes bei der Entstehung von Krankheit vermitteln, zeigen, wie genetische Untersuchungen vorgenommen werden, aber auch über die damit verbundenen Vor- und Nachteile sowie über die Rahmenbedingungen (gesetzliche und andere) Auskunft geben.

Der Ratgeber ist in Form von Fragen und Antworten geschrieben. Dadurch möchte er der Leserin/dem Leser einen raschen Zugang zu denjenigen Informationen ermöglichen, die sie oder ihn im Moment ganz besonders beschäftigen. Auch das Verzeichnis der erwähnten Krankheiten am Schluss des Buches erleichtert den Zugang zu einzelnen Aspekten der Genetik und zu einzelnen damit verbundenen Problemen. Mit dem Verzeichnis von Internetseiten und Selbsthilfegruppen, aber auch von genetischen Beratungsstellen möchten wir im Urwald der medizinischen Informationen eine Orientierung bieten.

Letztlich geht es darum, dass jede Person ihren Weg im Umgang mit dem eigenen genetischen Schicksal findet und sich autonom für oder gegen eine genetische Untersuchung entscheiden kann, nachdem ihr die Vor- und Nachteile, die Möglichkeiten und Grenzen, aber auch allfällige Folgen genetischer Abklärungen bewusst sind. Dazu will dieser Ratgeber einen Beitrag leisten.

Prof. Dr. med. *Hansjakob Müller*
Abteilung Medizinische Genetik UKBB/DKBW
Universität Basel

Vorbemerkung

Bei allen in dieser Broschüre erwähnten Krankheiten handelt es sich um Beispiele zur Veranschaulichung, auf die nicht weiter eingegangen werden kann. Es handelt sich dabei um Krankheiten, die entweder besonders exemplarisch oder vergleichsweise häufig sind. Es gibt aber noch viele weitere Erbkrankheiten, die jedoch glücklicherweise alle eher selten sind.

Wissenschaftlicher Beirat

Prof. Dr. med. Dr. h.c. mult. Wolfgang Holzgreve,
Universitäts-Frauenklinik, Basel

Prof. Dr. iur. Jochen Taupitz,
Juristische Fakultät, Universität Mannheim

Prof. Dr. theol. Dietmar Mieth,
Ethik/Sozialethik, Katholisch-Theologische Fakultät,
Universität Tübingen

Katrin Bentele,
Ethik/Sozialethik, Katholisch-Theologische Fakultät,
Universität Tübingen

Barbara Staehelin,
Roche Diagnostics, Basel

Grundlagen der Vererbung

1. Was bedeutet Vererbung?

Ein Mensch sieht immer aus wie ein Mensch, ein Schäferhund wie ein Schäferhund oder eine Tulpe wie eine Tulpe. Der Umstand, dass Eigenschaften von einer Generation auf die nächste weitergegeben werden, wird als Vererbung bezeichnet. Dabei werden nicht nur allgemeine Eigenschaften einer Tier- oder Pflanzenart vererbt, sondern höchst individuelle. Grossmütter und Tanten vermögen beispielsweise aus dem Gesicht eines neuen Erdenbürgers gut zu «lesen», welche Züge aus der Familie der Mutter, bzw. aus derjenigen des Vaters stammen. Praktisch die Hälfte des Erbgutes haben wir je von einem Elternteil erhalten.

Wir werden aber nicht nur durch das Erbgut bestimmt. Sogar bei eineiigen Zwillingen, die das gleiche Erbgut haben, treten Unterschiede zwischen den beiden Individuen auf. Wir werden eben auch durch unsere Umwelt geprägt. Vererbung ihrerseits beschränkt sich aber nicht nur auf Äusserlichkeiten. Vielmehr werden wichtige Voraussetzungen vererbt, damit sich ein ganzer Körper aus einer befruchteten Eizelle entwickeln kann. Auch das «Betriebsprogramm» des Körpers und der einzelnen Körperzellen wird vererbt. Darüber hinaus weiss man heute, dass Fähigkeiten des Menschen wie Intelligenz, künstlerische Begabung, aber auch sein Verhalten und sein Charakter zu einem Teil genetisch bedingt sind.

2. Was ist Genetik?

Genetik ist die Wissenschaft der Vererbung. Sie versucht, die Rolle der Veranlagung bei der Vielfalt in der Natur zu erklären. Der Mensch hat schon früh intuitiv genetische Regeln angewandt, als er begann, Pflanzen und Tiere zu züchten. Die wissenschaftliche Genetik nahm ihren Anfang mit dem Augustinerpater Gregor Mendel (1822–1884), der aufgrund von Kreuzungsexperimenten mit Erbsen 1865 die Existenz der Erbfaktoren postulierte, die für die Ausprägung von Form und Beschaffenheit der Hülsen und Unterschiede der Blütenfarbe verantwortlich sind und als Vererbungseinheiten von Generation zu Generation weitervererbt werden. Etwa zur gleichen Zeit entdeckte der Basler Chemiker Friedrich Miescher (1844–1895), dass im Kern von Eiterzellen oder in Lachsspermien eine Substanz vorhanden war, die sich von den damals bekannten Eiweissen (Proteinen) unterschied. Er nannte sie Kernsäure (Nukleinsäure).

Heute spricht man von DNS (Desoxyribonukleinsäure) oder DNA (A = engl. «acid»). Was Miescher bereits vermutet hatte, wurde in den 40er-Jahren des 20. Jahrhunderts bestätigt: Die chemische Substanz DNS speichert die Erbinformation und ist damit die Erbsubstanz. Francis Crick und James Watson enthüllten 1953 die Struktur der DNS. Sie bildet einen langen, dünnen, doppelsträngigen Faden, der an eine verwundene Strickleiter erinnert. Watson und Crick gaben ihr den Namen «Doppelhelix» (Abb. 1).

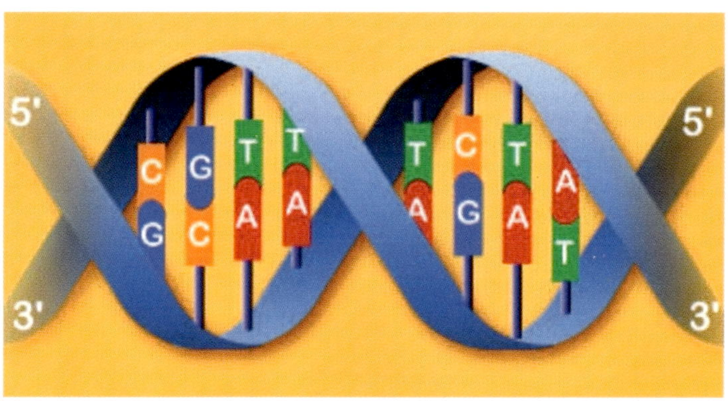

Abb. 1: Schematische Darstellung der DNS-Doppelhelix.

3. Was sind Chromosomen?

Der DNS-Faden jeder Zelle ist – aneinandergehängt – nahezu 2 m lang. Eine solche Zelle ist kaum ein hundertstel Mal so gross wie der Punkt am Ende dieses Satzes. Damit darin der 2 m lange Faden verstaut werden kann, bedarf es eines ausgeklügelten Systems: Der Faden wird in die 46 Chromosomen in mehrfach verdrillter Form eingepackt (Abb. 2). Die Chromosomen sind also unter anderem die Verpackungs- und Transporteinheiten der DNS. Während der Zellteilung sind sie so eng zusammengeknäuelt, dass sie unter dem Mikroskop einzeln sichtbar gemacht und beurteilt werden können (vgl. Frage 13).

Wir besitzen in jeder einzelnen Zelle 46 Chromsomen, 23 Paare. Je ein Exemplar eines Paares stammt von der Mutter, das andere vom Vater. 22 Chromosomenpaare bezeichnet man als Autosomen. Sie sind bei Frau und Mann gleich. Hinzu kommen

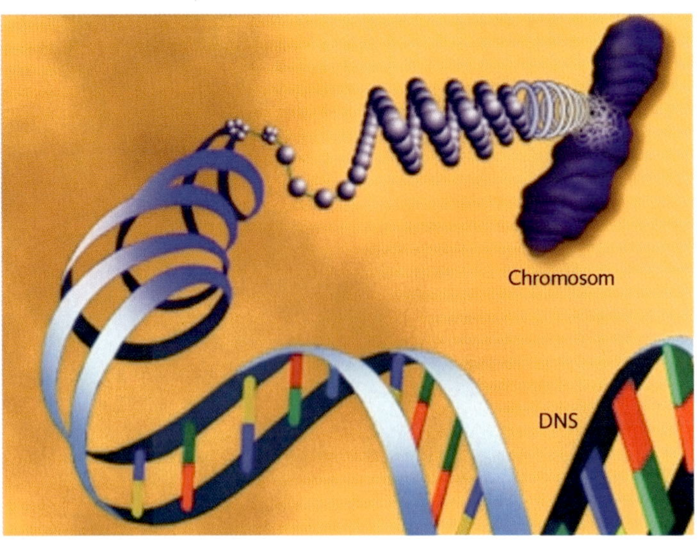

Abb. 2: Der DNS-Faden ist in Chromosomen (rechts oben) aufgewickelt.

die Geschlechtschromosomen oder Gonosomen: Frauen besitzen zwei X-Chromosomen, Männer dagegen ein X- und ein Y-Chromosom. Das Y-Chromosom ist beim Mann unter anderem dafür verantwortlich, dass sich die Hoden entwickeln.

4. Was ist ein Gen?

Ein Gen ist ein Rezept, dank dem die Zelle ein bestimmtes Eiweiss produzieren kann. Das einzelne Rezept entspricht einem kurzen Abschnitt der DNS (Abb. 3). Das Myosin-Gen beispielsweise enthält den biochemischen Bauplan für das Muskelprotein Myosin. Wenn der Körper, etwa in Folge von Krafttraining, das Signal gibt, mehr Muskelgewebe aufzubauen, wird das Myosin-Gen aktiviert, und die Muskelzellen produzieren Myosin.

Zu einem Gen gehört aber nicht nur der unmittelbare Bauplan für ein Eiweiss, sondern auch ein Schalter oder Steuerungselement, der bestimmt, ob nun ein Gen aktiviert werden soll oder nicht. Dieser Schalter wird Promotor genannt. Im obigen Beispiel bedeutet dies: das Krafttraining wirkt auf den Promotor für das Myosin-Gen. Dieser aktiviert das Gen, und in der Folge produziert die Zelle das Muskelprotein. Ein Protein, das auf-

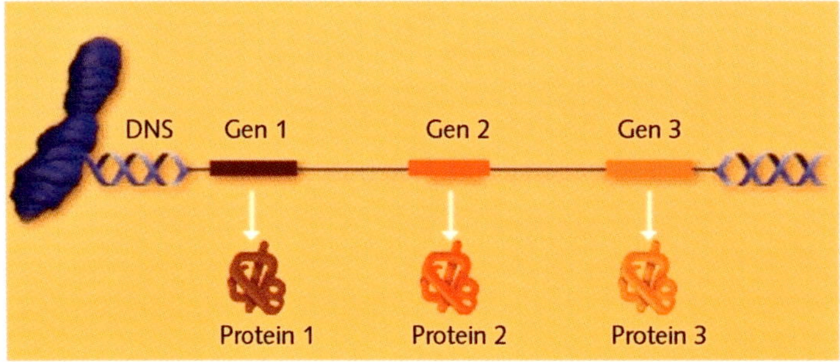

Abb. 3: Ein Gen enthält den Bauplan für ein Protein.

grund eines Gens entsteht, wird in der Zelle dann oft noch umgebaut, bis es seine biologische Funktion wahrnehmen kann: Es wird von Enzymen, ebenfalls Eiweisse, zurechtgeschnitten und/oder erhält zusätzliche chemische Bausteine (z.B. Polysaccharide) angehängt. Eine solche Reifung (Maturation) ist für die richtige Aktivität eines Proteins oft entscheidend.

5. Was ist das Erbgut, das Genom?

Die Gesamtheit der Erbinformation eines Lebewesens wird als Genom bezeichnet. In jedem Zellkern unserer Körperzellen ist das gesamte Genom, d.h. alle Gene, vollständig enthalten. Eine Ausnahme bilden lediglich die roten Blutkörperchen, die Erythrozyten, oder die Blutplättchen; sie besitzen keinen Zellkern.

Das Genomprojekt ist das grösste Forschungsprojekt der Medizin und der Biologie, das je unternommen wurde. Es hat zum Ziel, alle menschlichen Gene zu identifizieren, in den Chromosomen aufzuspüren und schliesslich in ihrem biochemischen Aufbau zu entziffern. Am 26. Juni 2000 feierten der amerikanische Präsident Bill Clinton und der englische Premierminister Tony Blair, per Video zugeschaltet, eine erste Etappe dieses Genomprojektes, nämlich die Entzifferung (Sequenzierung) der «gesamten» menschlichen DNS. Jeder DNS-Strang der Doppelhelix besteht nämlich aus einer Abfolge von chemischen Bausteinen, so genannten Nukleotiden, die fein säuberlich aneinandergereiht sind. Diese tragen vier verschiedene Basen, die mit den Buchstaben A (Adenin), T (Thymin), G (Guanin) und C (Cytosin) bezeichnet werden. Das Erbgut des Menschen, d.h. der Anteil, den wir von einem Elternteil erhalten haben, besteht aus rund drei Milliarden Nukleotid-Paaren. Ihre Abschrift würde etwa 1000 Buchbände füllen.

Dennoch wird nur ein kleiner Teil der DNS, wenige Prozente, als Baupläne für Proteine beansprucht. Dazwischen liegen lange

Buchstabenabfolgen, die keine derartige Funktion im Körper ausüben. In unserem gesamten Erbgut sind zwischen 20 000 und 25 000 Gene enthalten.

6. Was ist eine Mutation?

Eine Mutation bezeichnet eine bleibende Veränderung im Erbgut. Sie kann ganze Chromosomen (z.B. Trisomie 21) oder nur ein einzelnes Gen betreffen. Wenn man sie mit dem Lichtmikroskop nicht erkennen kann, was bei den Genmutationen der Fall ist, bezeichnet man sie als Punktmutation. Eine Mutation bedeutet nicht zwangsläufig, dass diese Veränderung für die Zelle oder den Körper eine Krankheit zur Folge hat. Viele Mutationen bleiben stumm, wirken sich also kaum aus.

7. Was bedeutet ein verändertes, mutiertes Gen?

Die Mutation eines Gens kann zur Krankheit führen, wenn zu wenig, zu viel bzw. kein funktionstüchtiges Eiweiss (Genprodukt) produziert werden kann. Meist bedeutet dies, dass der Bauplan für ein Protein verändert ist. Dadurch wird das Protein falsch aufgebaut, oder sein Aufbau wird vorzeitig abgebrochen, so dass ein verstümmeltes Protein entsteht. Mutationen können auch den Genschalter, den Promotor, betreffen: Ist der Schalter defekt, dann wird das Gen nicht mehr normal gesteuert; zu viel oder – häufiger – zu wenig Genprodukt wird produziert. Unterschiede zwischen dem Erbgut zweier Menschen, aber auch zwischen denjenigen Anteilen, die vom Vater und von der Mutter stammen, sind recht häufig. Das gesamte Erbgut des Menschen umfasst etwa 6 Milliarden Buchstaben (Basenpaare). Rund jeder 1000. Buchstabe im Erbtext variiert zwischen verschiedenen Individuen. Solche Unterschiede werden als SNPs bezeichnet («single nucleotide polymorphism»), in der Umgangssprache als «snips». SNP-Varianten sind nicht nur für äusserliche Unterschiede wie Augenfarbe oder Körpergrösse, sondern auch für verschiedene Krankheitsanfälligkeiten und das individuelle Ansprechen auf Medikamente mitverantwortlich.

Jedes Gen hat eine bestimmte Funktion und nimmt im Chromosom bzw. dem DNS-Faden eine bestimmte Position ein. Dieser wird als Genlocus bezeichnet. Sobald man etwas über die Qualität eines einzelnen Gens aussagt, verwendet man den Begriff «Allel».

Jeder Mensch hat vom Vater und der Mutter ein Gen geerbt; er kann also 2 Allele haben. Dabei kann es sich um Normvarianten handeln, aber auch um defekte Allele. Man nimmt an, dass jeder Mensch in seinem Erbgut etwa 5–10 krankheitsverursachende Allele aufweist. Der Ausfall ihrer Funktion kann vielfach durch das normale Allel ausgeglichen werden.

Wenn Verwandte untereinander ein Kind zeugen, so besteht die Gefahr, dass das Kind von beiden Eltern das gleiche mutierte Allel erbt und somit krank oder behindert ist. Deshalb ist das Inzestverbot biologisch begründet. Krankheitsverursachende Allele treten in bestimmten Völkern und Bevölkerungsgruppen gehäuft auf: Auf Zypern und Sardinien, überhaupt im Mittelmeerraum, war die Mittelmeerblutarmut (Thalassämie) häufig. Man geht davon aus, dass das mutierte Allel sich in der dortigen Bevölkerung rasch vermehren konnte, weil Personen mit einem normalen und einem mutierten Allel resistenter gegenüber dem Malariaerreger sind als diejenigen mit 2 normalen Allelen. Sie konnten sich daher damals leichter fortpflanzen. Dies bezeichnet man als «Heterozygoten-Vorteil».

8. Wie entstehen Veränderungen im Erbgut, Mutationen?

Damit sich eine Zelle, ob Keim- oder Körperzelle, vermehren kann, muss sie ihr Erbgut verdoppeln: Für jede der Tochterzellen muss wieder das vollständiges Erbgut vorliegen. Dieser Verdoppelungsvorgang wird als DNS-Replikation bezeichnet. Gerade bei der Replikation der DNS schleichen sich Fehler ein, schliesslich müssen rund 6 Milliarden Buchstaben (Basenpaare) innert etwa 6 Stunden in richtiger Reihenfolge aneinandergehängt werden. Zum Glück verfügt die Zelle über Reparaturmechanismen, welche die entstandenen Fehler erkennen und in der Regel rasch korrigieren.

Fehler der Chromosomenzahl entstehen während der Zellteilungen, wenn die Chromosomen voneinander getrennt werden sollten, aber aneinander haften bleiben («non-disjunction»).

Mutationen entstehen aber auch durch äussere Einflüsse, welche das Erbgut schädigen. Dazu gehören:

- radioaktive Strahlung (etwa durch Strahlenunfall)
- UV-Strahlung (z.B. beim Sonnenbaden)
- Chemikalien (z.B. Nitrosamine aus dem Magen-Darm-Trakt)
- Viren (z.B. Leukämieviren)

Tagtäglich geschehen in unserem Körper solche genetischen Veränderungen. Unser Körper weiss aber in der Regel gut damit umzugehen. Reparaturmechanismen können viele DNS-Defekte wieder korrigieren. Häufig haben die genetisch veränderten Zellen keine Überlebenschance und sterben ab. Genetische Veränderungen in Körperzellen sind aber die Hauptursache von Krebs.

9. Was haben Krankheiten mit Veranlagung zu tun?

Praktisch jede Krankheit wird in irgendeiner Weise von der persönlichen Veranlagung des Patienten beeinflusst, manche nur in geringem, andere in hohem Masse. Der Einfluss der Gene darauf, ob man nun von der Grippe angesteckt wird oder nicht, ist von Ausnahmen abgesehen (Immundefektkrankheiten) eher klein.

Man könnte auch meinen, dass jeder Mensch gleich reagiert, wenn er mit Infektionserregern, seien es Viren, Bakterien oder Pilze, in Kontakt kommt. Dem ist nicht so. Tatsächlich gibt es angeborene, genetische Eigenschaften, welche z.B. das Andocken der Mikroorganismen erleichtern oder die Immunabwehr bestimmen. So sind Menschen, die ein mutiertes Gen für die Thalassämien (inklusive Sichelzellanämie) aufweisen, besser vor dem Malariaerreger, dem *Plasmodium falciparum,* einem einzelligen Parasiten, geschützt (siehe Frage 22). Und auch beim Aids-auslösenden HI-Virus sind genetische Veränderungen bekannt, die zwar nur bei wenigen Menschen vorkommen, diese aber vor einer Infektion schützen.

Bei Unfällen ist der Einfluss des Erbguts meist gering. Das Risiko zu verunfallen kann aber durch genetisch mitbestimmte Charaktereigenschaften wie z.B. eine Aufmerksamkeitsstörung beeinflusst werden. Andere Krankheiten sind wiederum sehr stark von der genetischen Ausstattung des Patienten abhängig. Die degenerative Nervenkrankheit Chorea Huntington, auch Veitstanz genannt, wird durch eine besondere Mutationsform in einem einzigen Gen (Huntington-Gen) ausgelöst. Die Krankheit beginnt in der Regel um das 40. Lebensjahr (Spanne 20–60 Jahre) und endet 15–20 Jahre später fast immer tödlich.

Diejenigen Krankheiten, bei deren Auslösung und Verlauf die Veranlagung die entscheidende Rolle spielt, werden Erbkrankheiten genannt. Diese Erbkrankheiten im engeren Sinn machen nur etwa 5–10% aller Krankheiten aus. Die häufigsten Krankheiten sind weder ausschliesslich auf Gene, noch alleine auf die Umwelt zurückzuführen, wobei unter Umwelt durchaus auch gesellschaftliche Faktoren wie Ernährung, Stress oder andere psychische Belastungen zu verstehen sind. Sie werden daher als multifaktoriell verursachte Krankheiten bezeichnet.

Umwelt und Veranlagung sind also oft in einem engen Wechselspiel. So ist für die Schuppenflechte (Psoriasis) die Veranlagung bedeutungsvoll. Ihr Schweregrad aber wird z.B. durch Stress verstärkt. Betroffene Studenten berichten, dass sich ihre Hautrötungen unter Examensbelastungen verstärken. Auch bei der bekannten Erbkrankheit Xeroderma pigmentosum spielt die Umwelt eine wichtige Rolle. Sie beruht auf einer genetisch bedingten Überempfindlichkeit gegenüber ultraviolettem Licht. Die durch UV-Strahlen ausgelösten DNS-Schäden können nicht rasch genug repariert werden. Charakteristisch für die Erkrankung ist das Auftreten von schweren Sonnenbränden, schon nach sehr kurzen Sonnenlichtexpositionen. Bereits im Kindesalter entwickeln sich ausserdem verschiedene bösartige Hautkrebse. Das Spektrum dieser Tumoren entspricht demjenigen von gesunden Personen, die sich übermässig dem Sonnenlicht aussetzen und dadurch ihr normales DNS-Reparatursystem überfordern. Das Xeroderma pigmentosum wird, wie zahlreiche weitere Erbkrankheiten, erst durch einen spezifischen Umweltfaktor ausgelöst.

10. Was sind Erbkrankheiten und was heisst Veranlagung? Werden Erbkrankheiten immer vererbt?

Unter Erbkrankheiten versteht man im allgemeinen Sprachgebrauch Erkrankungen, die von den Eltern auf ihre Kinder übertragen werden. In der Fachsprache handelt es sich vielmehr um Erkrankungen, die auf Mutationen (siehe Fragen 6 und 7) im Erbgut zurückgeführt werden können. Dazu gehören auch jene

Krankheiten, bei denen der Erbgutdefekt bei der Bildung von Keimzellen neu entstanden ist (Spontanmutationen oder De-novo-Mutation). Kommt eine solche Keimzelle zur Befruchtung, liegt eine krankheitsverursachende Mutation ab Zeugung vor. Für das Ausbrechen der Erbkrankheit spielt es grundsätzlich keine Rolle, ob die Mutation geerbt oder neu entstanden ist.

Wir alle tragen ungünstige Veranlagungen in uns. Ob wir deswegen erkranken oder nicht, hängt von vielen weiteren Faktoren ab: von unserem Lebensstil beispielsweise, von Pech oder auch von regelmässigen Vorsorgeuntersuchungen. Da jeder und jede von uns solche Anlagen besitzt, kann die Grenze zwischen gesund und krank nur noch schwer gezogen werden. In früheren Zeiten galt jemand als krank, wenn er Krankheitszeichen, etwa Fieber oder Schmerzen, hatte. Heute kann jemand ärztliche Hilfe wegen seiner Veranlagung benötigen, ohne bereits klinisch krank zu sein. Neben der eigentlichen Therapie wird die gezielte Vorbeugung immer mehr zur medizinischen Aufgabe. Dennoch darf man niemanden bereits als krank bezeichnen, nur weil er oder sie eine bestimmte Veranlagung aufweist. Diese braucht auch nicht unbedingt auszubrechen.

11. Ist alles, was genetisch bedingt ist, auch angeboren?

Eine Erbkrankheit (z.B. Chorea Huntington) muss sich nicht schon bei der Geburt bemerkbar machen. Zudem setzt sich die biologische Entwicklung nach der Geburt fort. Körperzellen erneuern sich ständig, d.h. sie vermehren sich und teilen dann ihr Erbgut auf. Beim Kopieren des Erbgutes oder bei seiner Aufteilung können sich Mutationen ereignen. Auch die Umweltbelastung, etwa durch UV-Strahlen oder genotoxische Chemikalien, kann zu solchen führen. Die Krebskrankheiten werden praktisch ausschliesslich durch in Körperzellen neu entstandene Mutationen verursacht. Krebs ist demnach eine Erbkrankheit von Körperzellen. Das Risiko, dass sich aber solche Krebs auslösenden Mutationen ereignen können, ist bei Personen mit einer ausgeprägten Krebsveranlagung meist erheblich grösser.

12. Wie häufig sind Erbkrankheiten?

Angaben über die Häufigkeit von genetisch bedingten Krankheiten oder Behinderungen in der Bevölkerung zeigen eine erhebliche Streubreite. Mehr als 2 von 100 Neugeborenen in industrialisierten Ländern leiden bei ihrer Geburt an einer invalidisierenden Krankheit oder Behinderung. Die Hälfte davon ist genetisch bedingt. Alles in allem kann man davon ausgehen, dass die Veranlagung bei 5–10% aller Erkrankungen eine entscheidende Rolle spielt. Je besser wir uns vor Infektionen zu schützen wissen, je gesünder unser Lebensstil ist, je besser wir also Risikofaktoren aus der Umwelt als Krankheitsverursacher ausschliessen können, desto stärker treten genetische Ursachen in den Vordergrund.

13. Welche unterschiedlichen Formen von Erbkrankheiten gibt es?

Erbkrankheiten beruhen auf Mutationen (Veränderungen) im Erbgut (siehe Fragen 7 und 10). Dabei können unterschiedliche Elemente in der Organisation des Erbgutes betroffen sein: Ein ganzes Chromosom kann zu viel oder zu wenig vorliegen. Man spricht von einer Aneuploidie. Auch können grössere oder ganz kleine Teile eines Chromosoms verloren gehen oder auch einmal vervielfacht werden. Schliesslich gehen auch einzelne Gene verloren oder erfahren Veränderungen ihrer Struktur, so dass sie keine Information für die Bildung eines funktionstüchtigen Genproduktes (Eiweiss), resp. für dessen normale Produktion enthalten (siehe Frage 7).

Die Medizin unterscheidet aufgrund solcher Erbgutveränderungen fünf Arten genetischer Krankheiten: chromosomal bedingte, Mikroaneuploidien, monogenetische, multifaktorielle und mitochondriale.

a) Chromosomal bedingte Krankheiten

Die Chromosomen können im Lichtmikroskop individuell eingesehen und beurteilt werden, wenn man eine Zelle im richtigen Moment der Zellteilung nach entsprechender Vorbehandlung so platzen lässt, dass deren Chromosomen nebeneinander zu liegen kommen. Wenn man sie nun der Grösse und Form nach ordnet, entsteht das bekannte Chromosomenbild, auch Karyogramm genannt (Abb. 4a). Dabei hat das grösste Chromosom die Nr. 1. Die Geschlechtschromosomen X und Y werden als

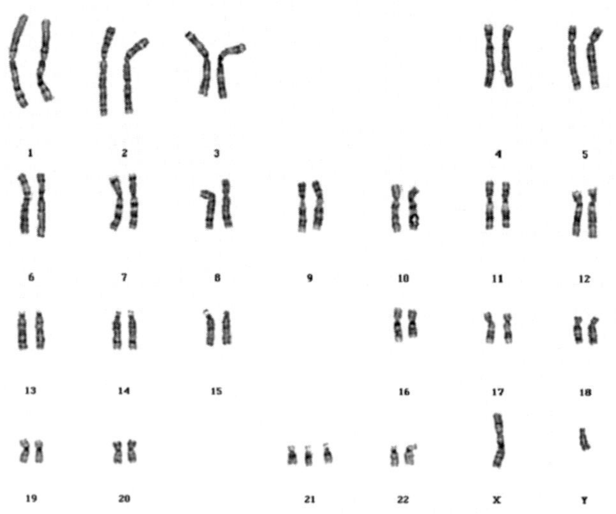

Abb. 4a: Karyogramm eines Jungen mit Down-Syndrom. Das Chromosom 21 ist 3-fach vorhanden.

Gonosomenpaar bezeichnet. Mit verschiedenen Präparations- und Färbetechniken lassen sich entlang der Chromosomen Bandenmuster erzeugen, dank denen man nicht nur jedes einzelne Chromosom zuverlässig identifizieren, sondern auch Anomalien ihrer Struktur präzise erfassen kann.

Chromosomenstörungen spielen am Anfang des menschlichen Lebens eine entscheidende Rolle. 10–15% aller festgestellten Schwangerschaften gehen verloren (Spontanabort). In etwa der Hälfte derjenigen, die sich in der ersten Hälfte der Schwangerschaft ereignen, ist eine Chromosomenanomalie dafür verantwortlich. Die Natur hat also ein Selektionssystem gegen solche eingerichtet. Nur wenige Chromosomenstörungen sind mit dem Leben vereinbar. Auch sie führen zu Entwicklungsverzögerungen, Fehlbildungen, Störungen der Geschlechtsentwicklung und zu Unfruchtbarkeit. Selten werden Chromosomenanomalien im eigentlichen Sinne vererbt; die meisten sind während der Keimzellenbildung der Eltern entstanden.

Die häufigste schwerwiegende Chromosomenstörung ist die Trisomie 21 (Down-Syndrom; Abb. 4a). Die früher geläufige Bezeichnung «Mongoloismus» ist irreführend und beleidigend; sie sollte daher nicht mehr verwendet werden. Die Zellen haben 3 statt 2 Chromosomen der Nr. 21. Diese Veränderung tritt etwa einmal auf 650 Geburten auf und führt bei den Betroffenen zu einer geistigen Behinderung und psychischen Auffälligkeiten, zu körperlichen Symptomen, miteingeschlossen Fehlbildungen und anderen wie Immunschwäche. Seltener findet man 3 Chromosomen Nr. 13 oder 18 bei einem schwer behinderten Neugeborenen. Störungen der Geschlechtschromosomen haben allgemein weniger schwerwiegende Auswirkungen: Etwa jeder 650. Junge besitzt neben 1 Y-Chromosom 2 X-Chromosomen. Er weist das Klinefelter-Syndrom auf. Auf diese Patienten wird man meist erst während oder nach der Pubertät aufmerksam. Sie haben kleine, derbe Hoden, die zuwenig männliches Hormon und kaum noch Spermien bilden. Mädchen mit nur einem Geschlechtschromosom (Turner-Syndrom) sind sehr klein und bilden keine sekundären Geschlechtsmerkmale aus.

Heute werden Chromosomenstörungen immer häufiger im Verlauf der Schwangerschaft durch Ultraschalluntersuchungen und die Bestimmung von chemischen Markern im Blut der Schwangeren diagnostiziert (siehe Frage 31). In sehr erfahrenen Händen können über 90% der betroffenen Feten identifiziert werden. Es ist wichtig, dass sich die betroffene schwangere Frau oder das Paar rechtzeitig durch eine Fachperson über mögliche Folgen eines Schwangerschaftsscreenings orientieren lässt.

b) Mikroaneuploidien

Sehr kleine, im Lichtmikroskop kaum oder nicht erfassbare Chromosomenanomalien lassen sich dank neuer Untersuchungstechniken (Fluoreszenz-in-situ-Hybridisierung=FISH, und andere Techniken; Abb. 4b) zuverlässig erkennen. Kleinste Chromosomenabschnitte fehlen (Mikrodeletionssyndrome) oder sind, was selten vorkommt, verdoppelt. Mehrere Gene sind davon betroffen, was zu unterschiedlichen Krankheitsbildern führt, bei

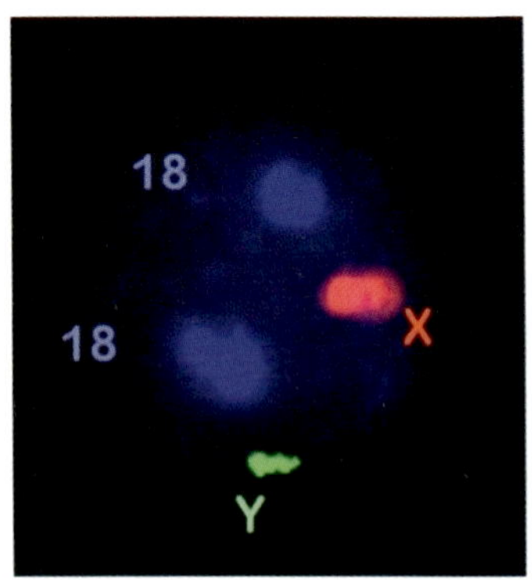

Abb. 4b: Darstellung der Anwendung der FISH-Technik an Amnionzellen in der Interphase. Links: Anfärbung der Gonosomen und des Chromosoms Nr. 18, rechts: Anfärbung der Chromosomen Nr. 13 und 21.

denen praktisch immer eine geistige Behinderung vorliegt. In der Regel sind diese Chromosomenstörungen nicht von den Eltern ererbt, sondern beim Patienten neu entstanden.

Die Erforschung der Mikroaneuploidien hat zudem zur Erkenntnis geführt, dass es auf den Autosomen, also jenen Chromosomen, die bei Mann und Frau gleich sind, Erbfaktoren gibt, die sich unterschiedlich exprimieren, je nachdem ob sie auf dem vom Vater oder von der Mutter geerbten Chromosom liegen: Das Prader-Willi-Syndrom oder das Angelman-Syndrom sind am häufigsten auf den Verlust eines kleinen Abschnittes auf dem Chromosom Nr. 15 zurückzuführen. Beim Prader-Willi-Syndrom ist dabei immer das väterliche Chromosom, beim Angelman-Syndrom das mütterliche betroffen. Patienten mit dem Prader-Willi-Syndrom weisen eine ausgeprägte Muskelschlaffheit, eine gestörte Appetitregulation, eine geistige Behinderung und unterentwickelte Geschlechtsorgane auf. Das Angelman-Syndrom ist eine schwere neurologische Krankheit mit Intelligenz- und Bewegungsstörungen, fehlender Sprachentwicklung, Krampfanfällen, merkwürdigem Lachen und weiteren Anomalien.

c) Monogenetische Krankheiten

Wird eine Krankheit durch die Mutation eines einzelnen Gens hervorgerufen, spricht man von einer monogenetischen oder nach dem Entdecker der Gene von einer Mendelschen Erkrankung. Zu den bekanntesten gehören die Bluterkrankheit (Hämophilie) oder die zystische Fibrose (Mukoviszidose), bei der zähflüssige Körpersäfte, vor allem in der Lunge, entstehen. Das Spektrum dieser Erbkrankheiten ist gross. Die meisten sind recht selten, andere wie der erbliche Brustkrebs oder der erbliche Dickdarmkrebs relativ häufig. Wie sich ein solches mutiertes Gen familiär auswirkt, hängt davon ab, ob es auf einem Autosom oder einem Gonosom lokalisiert ist und ob ein mutiertes neben einem normalen Gen genügt, um zu erkranken (siehe Frage 14).

d) Multifaktorielle Erkrankungen

Die häufigsten Erkrankungen, etwa Herz-Kreislauf-Leiden, Schlaganfall, Diabetes, Krebs, Geisteskrankheiten wie Schizophrenie oder Alzheimer, aber auch Fehlbildungen, wie angeborene Herzfehler, sind meist nicht auf eine einzelne Genmutation zurückzuführen. Sie entstehen durch verschiedene Faktoren und werden daher als multifaktoriell bezeichnet. Dabei interagieren Umweltfaktoren wie Ernährung, Rauchen oder Sport mit genetischen Faktoren. Erbgut und Umwelt wirken aber je nach Krankheit und Patient ganz unterschiedlich zusammen (vgl. Frage 10).

e) Mitochondriale Krankheiten

Neben dem Erbgut im Zellkern besitzen wir Erbgut in einer Organelle im Zellleib, nämlich in den Mitochondrien. Diese Mitochondrien sind für den Energiestoffwechsel und die Zellatmung zuständig. Ihr Erbgut ist verhältnismässig klein – es enthält lediglich 37 Gene – und gleicht demjenigen von Bakterien. Auch dieses kann mutiert sein und zu seltenen Krankheiten führen. Die Leber'sche hereditäre Opticus-Neuropathie (LHON) etwa führt im frühen Erwachsenenalter zu einer Störung des Sehnervs und in der Folge zu Blindheit. Mitochondriale Erkrankungen werden nur von der Mutter weitervererbt: Im Spermium des Vaters sind nämlich keine Mitochondrien enthalten. Bei der Diagnostik und Risikoprognose macht der Umstand beachtliche Schwierigkeiten, dass in einer einzelnen Zelle sehr viele Mitochondrien vorhanden sind und nicht alle die Mutation aufweisen. Man spricht von Heteroplasmie. Während der Zellteilung kann es zu einer Verschiebung des Anteils der betroffenen und der normalen Mitochondrien kommen.

Ausblick

In der humangenetischen Forschung gewinnen DNS-Sequenzen an Interesse, die während der Evolution konserviert blieben, die aber nicht unmittelbar zur Herstellung von Eiweissen dienen. Auch deren Mutationen dürften zu Krankheit und Behinderung führen.

14. Welche Erbgänge für genetische Krankheiten gibt es?

Eigentliche Erbgänge gibt es für die monogen verursachten und die mitochondrialen Erbkrankheiten (vgl. Frage 13).

a) Monogene Erbkrankheiten
Beim *autosomal-dominanten* Erbgang (Abb. 5a) genügt bereits, dass ein Gen mutiert ist. Das abnorme Allel (siehe Frage 7) dominiert über das normale. Dies ist etwa beim Marfan-Syndrom, bei der Achondroplasie oder bei der Huntington-Krankheit der Fall. Die Achondroplasie ist eine gestörte Knorpelentwicklung, die zu verkürzten langen Röhrenknochen und damit

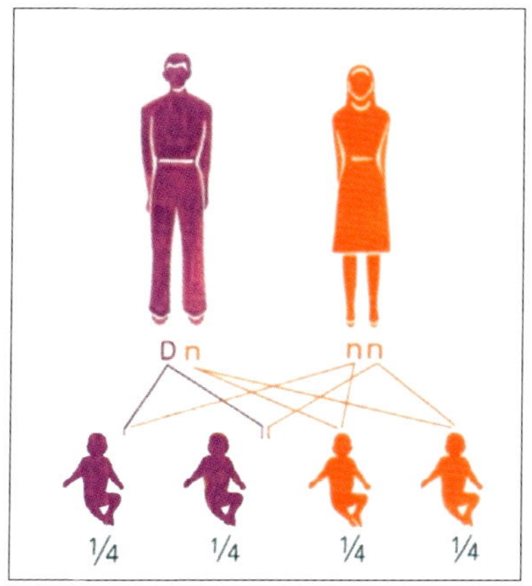

■ Anlageträger, krank

■ kein Anlageträger

Abbildung 5a: Autosomal-dominanter Erbgang.
Das krankheitsverursachende Gen D setzt sich durch.

zu Zwergwuchs führt. Wenn also ein Elternteil betroffen ist, beträgt die Wahrscheinlichkeit 50%, dass die Krankheit auf das Kind übertragen wird. Viele Patienten mit einer autosomal-dominant vererbten Krankheit haben das krankheitsverursachende Gen aber nicht von einem betroffenen Elternteil geerbt. Die Mutation hat sich erst bei der Bildung der Keimzelle ereignet. Man spricht in diesen Fällen von De-novo-Mutationen.

Autosomal-rezessiv (Abb. 5b) bedeutet, dass eine Krankheit nur dann ausbricht, wenn auf beiden Chromosomen ein mutiertes Gen (Allel) vorliegt, d.h. jeweils ein solches vom Vater und von der Mutter geerbt wurde. Die Eltern sind dabei nicht erkrankt, da das normale Allel den Ausfall des mutierten überdecken kann. Sind beide Eltern aber Träger jeweils eines mutierten Allels, so beträgt das Erkrankungsrisiko für ihr Kind 25%. Ein Beispiel für eine autosomal-rezessiv vererbte Krankheit ist die zystische Fibrose oder eine schwere Form der Glasknochenkrankheit (Osteogenesis imperfecta). Autosomal-rezessiv vererbte Krankheiten können ein recht beachtliches Spektrum von

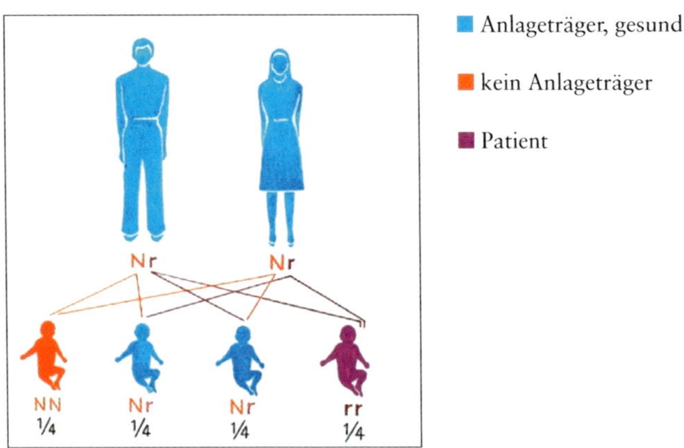

Abbildung 5b: Autosomal-rezessiver Erbgang. Beide Eltern sind «gesund», jedoch Träger des gleichen fehlerhaften Gens. Nur wenn das mutierte Gen von beiden Eltern ererbt wird, bricht die Krankheit aus.

Symptomen zeigen, je nachdem, welche Mutationen in den betroffenen Allelen vorliegen (siehe Frage 44).

Von *X-chromosomal-rezessiven* Krankheiten ist fast ausschliesslich oder mindestens viel stärker das männliche Geschlecht betroffen. Meist haben die betroffenen Jungen gesunde Eltern, wobei die Mutter die Trägerin der Anlage ist. Kein normales Gen auf dem Y-Chromosom kann den Gendefekt auf dem X-Chromosom kompensieren, wie z.B. bei der infantilen progressiven Muskeldystrophie vom Typ Duchenne. Auch hier beträgt die Übertragungswahrscheinlichkeit für Knaben 50%. Die Hälfte der Töchter sind wie die Mutter Konduktorinnen, d.h. Überträgerinnen des mutierten Allels. Wenn der Vater Träger der Genmutation ist (Farbsinnstörung im Grün- und Rotbereich), sind alle seine Töchter Überträgerinnen. Seine Söhne erhalten von ihm das genarme Y-Chromosom. Eine X-gonosomale Krankheit kann auch als Folge einer Neumutation auftreten.

Bei der *X-chromosomal-dominanten* Vererbung sind beide Geschlechter betroffen, jedoch das männliche viel schwerer. Häufig sind betroffene männliche Feten nicht lebensfähig, so dass es zu einer Fehlgeburt kommt und man in den betroffenen Familien neben 50% erkrankten Mädchen nur gesunde Knaben findet. Wenige Krankheiten folgen dem X-chromosomal-dominanten Erbgang. Dazu gehören die Incontinentia pigmenti oder das orofaziodigitale Syndrom.

b) Mitochondriale Erkrankungen

Bei der mitochondrialen Vererbung ist nicht ein Gen im Zellkern, sondern eines in der mitochondrialen DNS mutiert (vgl. Frage 13). Die Mitochondrien werden ausschliesslich von der Mutter geerbt. Schwierigkeiten beim Ableiten eines genetischen Risikos für eine so genannte Mitochondriopathie entstehen dann, wenn nur ein Teil der mitochondrialen DNS in einer Zelle betroffen sind, also das Phänomen der Heteroplasmie vorliegt.

15. Spielt die Veranlagung eine Rolle bei häufigen Krankheiten?

In westlichen Industrienationen sind Herz-Kreislauf-Leiden oder Krebs die Ursachen bei 2 von 3 Todesfällen. Diese Krankheiten entstehen in der Regel erst im höheren Lebensalter und haben daher nicht nur eine genetische Grundlage, sondern auch eine «Lebensgeschichte». Mit anderen Worten: Genetik und Umwelt, Erbe und Lebensstil spielen bei der Entstehung zusammen; sie werden multifaktoriell verursacht. Nur 5–10% aller multifaktoriellen Erkrankungen lassen sich auf die überwiegende Wirkung einzelner Gene zurückführen.

16. Welche Bedeutung haben Gene bei Krebs?

Bei Krebs verändert sich eine körpereigene Zelle so, dass sie unkontrolliert zu wuchern beginnt und in der Folge einen Tumor bildet. Zwar gibt es vielfältige Gründe, weshalb Krebs entsteht, und man kennt hunderte verschiedener Krebserkrankungen mit ganz unterschiedlichen Ursachen, dennoch sind Krebsleiden immer auch genetische Erkrankungen: Das Erbgut einer Körperzelle wird über mehrere Stufen so verändert, dass diese immer bösartiger wird. Manchmal reicht die Mutation eines einzelnen Gens, damit das Risiko, an einem bestimmten Tumor zu erkranken, auf praktisch 100% steigt. Dies ist etwa beim Augentumor Retinoblastom der Fall, der bereits im frühen Kindesalter auftritt (Tab. 1). Beim erblichen Dickdarm- oder Brustkrebs sowie bei weiteren erblichen Tumorkrankheiten sind dabei Gene betroffen, die für die Erhaltung der Stabilität unseres Erbgutes verantwortlich sind.

Angehörige einer Krebsfamilie haben ein 50-prozentiges Risiko, das mutierte Gen vom betroffenen Elternteil zu erben. Dann muss in einer Körperzelle nur noch das zweite Allel eine

Tabelle 1. Häufigkeit einiger erblicher Tumorerkrankungen

Erblicher Brustkrebs	1 auf 200 Frauen
Erblicher nichtpolypöser Dickdarmkrebs (HNPCC)	1 auf 200 Menschen
Retinoblastom (Augentumor im Kindesalter)	1 auf 20 000 Kinder
v. Hippel-Lindau-Erkrankung (vor allem Gefässtumoren)	1 auf 30 000 Kinder

Mutation erfahren, damit sie zum Ausgangspunkt eines Tumors wird. Weil ein einziges normales Gen noch genügt, um die Tumorentstehung zu verhindern, bezeichnet man diese Gene als Tumorsuppressorgene. Sie sind unter anderem für die Erhaltung der Integrität des Erbgutes verantwortlich. Entweder werden spontan entstandene Erbgutdefekte nicht repariert oder die Zellen werden vor deren Reparatur zur Teilung und Vermehrung zugelassen. In der Folge entstehen Fehler in anderen Genen, die für die Zellvermehrung und -differenzierung verantwortlich sind. Bei Dickdarmtumoren beispielsweise sammeln sich über die Jahre hinweg mindestens 6–8 verschiedene Genmutationen an, bevor ein bösartiger Dickdarmkrebs daraus entsteht. Dies erklärt zum Teil, weshalb bösartige Krebsgeschwülste vor allem im fortgeschrittenen Lebensalter auftreten. Ist aber schon bei der Zeugung ein Tumorsuppressorgen mutiert, so ist das Risiko grösser, früher und mehrfach daran zu erkranken.

Genetische Veränderungen in einem Tumor können zwischen Personen unterschiedlich sein, obwohl sie denselben Krebs haben. Das Wissen um das genetische Profil einer Krebsgeschwulst ist aber unter Umständen wichtig: Gewisse, hochspezifische Medikamente wirken gegen Tumore mit speziellen genetischen Eigenschaften, die man im Labor mittels eines Gentests erkennen kann. Beispiel hierfür ist das Herceptin®, das bei etwa einem Drittel der Brustkrebspatientinnen eine grosse Wirkung hat. Bei ihnen liegt eine Vermehrung des *HER2*-Gens vor. Ein anderes Beispiel ist das Iressa®, auf das 10–20% der Patienten mit einem nichtkleinzelligen Bronchialkarzinom sehr gut ansprechen.

17. Sind Brustkrebsgene tödlich?

Etwa jede 10. bis 13. Frau entwickelt im Verlaufe ihres Lebens einen Brustkrebs. Bei etwa 5% aller Brustkrebspatientinnen liegt eine Veranlagung von Geburt an vor, also bei einer von 200 Frauen. Sie können eine Mutation in einem der beiden bis heute bekannten Brustkrebsgene *BRCA1* und *BRCA2* haben. *BRCA*-Gene (genannt «braka»-Gene) gehören zu den Tumorsuppressorgenen (vgl. Frage 16). Das Risiko einer Frau mit einem der beiden mutierten *BRCA*-Gene, an Brustkrebs zu erkranken, beträgt lebenslang 50% bis über 80%.

Wenn in einer Familie viele Frauen an Brustkrebs sowie zudem noch in jungen Jahren und beidseitig und zudem noch an Eierstockkrebs erkrankt sind, ist es sehr wahrscheinlich, dass ein mutiertes Brustkrebsgen vorliegt (Abb. 6). Nicht nur einzelne Familien können betroffen sein, auch ganze Völker. So sind bei den Aschkenasim-Juden gewisse Mutationen der *BRCA*-Gene häufiger zu finden als bei Personen anderer Herkunft.

Zusätzlich zu den *BRCA*-Genen sind noch weitere Risikogene bekannt, die das Wachstum von Tumoren in den Brustdrüsen beeinflussen. Bisher haben die Forscher jedoch längst noch nicht alle diese Gene identifiziert: Sie nehmen an, dass genetische Faktoren insgesamt bei rund einem Drittel der Brustkrebspatientinnen die Entstehung von Krebs begünstigen. Die für die Krankheit verantwortlichen Gendefekte werden dabei innerhalb der Familie von den Eltern auf die Hälfte ihrer Kinder weitervererbt.

Genetische Faktoren sind nur wenige von vielen Ursachen, die zur Entstehung von Brustkrebs beitragen. Weitere Risikofaktoren sind neben andern das Alter, die Zahl der Schwanger-

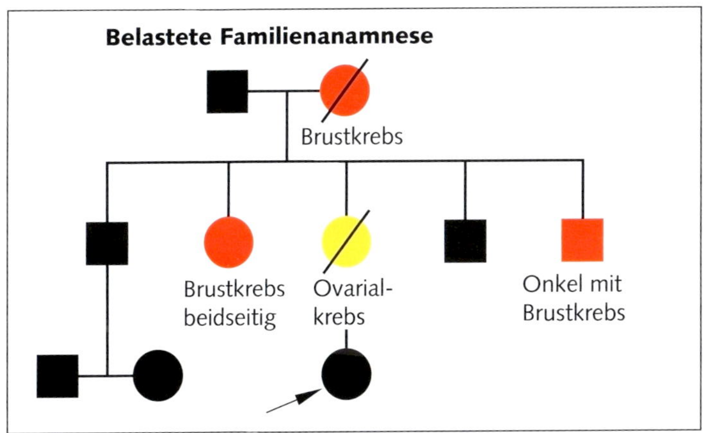

Abbildung 6: Familie, in der eine Veranlagung für Brust- und Eierstockkrebs (Ovarialkrebs) vererbt wird (Zeichenerklärung, S. 70).

schaften und andere Brusterkrankungen. Mit jedem Lebensjahrzehnt nimmt das Risiko erheblich zu. Auch eine falsche Ernährung, zum Beispiel in Form zu fetter Nahrung, kann das Krebsrisiko erhöhen. Dementsprechend gehören übergewichtige Frauen zu den Risikopatientinnen. Generell gelten ein übermässiger Alkoholkonsum und zu wenig Sporttreiben als krebsfördernd, ebenso das Rauchen von Zigaretten und verschiedene Umweltfaktoren wie übermässige Sonnenbestrahlung, Strahlenbelastung oder der Kontakt mit Schädlingsbekämpfungsmitteln.

18. Welche Rolle spielen Gene bei Herz-Kreislauf-Krankheiten?

Herz-Kreislauf-Leiden entstehen durch eine Kombination von mehreren Ursachen: Lebensstil, Umwelt und erbliche Faktoren.

In etwa der Hälfte der Fälle kann die Krankheit nicht so genannten Risikofaktoren wie Alter, Rauchen, Bluthochdruck, Diabetes oder hohem Cholesterinspiegel zugeordnet werden. Daher muss man davon ausgehen, dass genetische Faktoren eine wichtige Rolle in der Entstehung von Herz-Kreislauf-Leiden wie Herzinfarkt oder Angina pectoris spielen. Trotzdem ist es noch nicht gelungen, die Früherkennung und Behandlung dieser Volkskrankheiten mit Hilfe genetischer Untersuchungen entscheidend zu verbessern. Allerdings ist eine Reihe von Genen bekannt, welche die oben erwähnten Risikokonstellationen begünstigen. So können Veranlagungen z.B. dazu führen, dass der Cholesterinspiegel im Blut erhöht ist. Andere Veranlagungen begünstigen einen zu hohen Blutdruck. Die Risiken von Herz-Kreislauf-Leiden lassen sich durch die Einnahme von Medikamenten und durch einen gesunden Lebensstil mindern: Ausgewogene Ernährung, Sport, Vermeidung von Stress, Verzicht aufs Rauchen und kein Übergewicht sind die besten Massnahmen, um nicht an Herz-Kreislauf-Leiden zu erkranken.

19. Welche Bedeutung hat die Vererbung bei Zuckerkrankheit und Fettleibigkeit?

Bei Diabetes, der Zuckerkrankheit, unterscheidet man zwei Formen – Typ 1 und Typ 2. Bei beiden liegen verschiedene genetische Grundlagen vor. Der Typ 1, auch kindlicher Diabetes genannt, tritt etwa bei einer von 400 Personen auf und macht sich meist bereits in den ersten zwei Lebensjahrzehnten bemerkbar. Dabei sind die Zellen in der Bauchspeicheldrüse, welche Insulin zur Regulierung des Blutzuckerspiegels produzieren sollten, durch das Immunsystem zerstört. Genetisch identische eineiige Zwillinge haben ein erhöhtes Risiko, an Diabetes zu erkranken, wenn einer der beiden Zwillinge dieses Leiden hat. Ein Drittel solcher Zwillinge wird selbst daran erkranken. Die Tatsache,

dass nicht alle eineiigen Zwillinge dasselbe Schicksal erleiden, deutet darauf hin, dass die Veranlagung zwar eine wichtige, aber nicht ausschliessliche Rolle spielt.
Beim Typ-2- oder Altersdiabetes ist die Insulin-Bildung unzureichend. Er ist viel häufiger und tritt bei 2–5% aller erwachsenen Personen auf. Auch hier unterliegt die Entstehung einem komplexen Zusammenspiel zwischen Umweltbedingungen und genetischen Faktoren. Wenn beide Eltern einen Typ-2-Diabetes haben, dann haben die Kinder ein Risiko von etwa 10%, dass sie selbst daran erkranken werden. Es ist also deutlich höher als jenes der Gesamtbevölkerung. Auch hier gilt: Ausgewogene Ernährung und Sport vermögen die Entstehung der Krankheit zu verzögern oder gar zu verhindern.

20. Welche Bedeutung hat die Vererbung bei körperlichen Missbildungen?

Wie die meisten Erkrankungen ist auch die Entstehung angeborener körperlicher Fehlbildungen von vielfältigen Faktoren abhängig. Während der Schwangerschaft entwickelt sich aus einer befruchteten Eizelle ein Körper mit Milliarden von Zellen, Grundelemente von Gewebe und Organen mit spezialisierten Aufgaben. Das Entwicklungsprogramm ist weitgehend genetisch bestimmt. Bei der erfolgreichen Realisierung dieses Programms spielen zahlreiche weitere Faktoren wie beispielsweise die Ernährung eine zentrale Rolle. So kann die Einnahme von Folsäure (0,4 mg/Tag) während eines Monats vor und den ersten 2–3 Monaten der Schwangerschaft das Risiko eines offenen Rückens (Spina bifida) wesentlich mindern. Andererseits kann die Einnahme bestimmter Medikamente zu Missbildungen führen, wie das Beispiel Contergan (Wirkstoff Thalidomid) deutlich gezeigt hat. Man bezeichnet solche zu Fehlbildungen führenden Substanzen als Teratogene. Weitere Medikamente mit Frucht schädigender Wirkung können Arzneimittel gegen Akne (Retinoide) oder gegen Epilepsie sein. Die Entscheidung, ob man mit einer bestimmten Medikamententherapie bei einer Schwangerschaft fortfahren darf oder nicht, kann für die Schwangere wie auch die sie betreuende Ärzteschaft sehr quälend sein. Generell lassen sich aber nur 4 von 10 angeborenen Fehlbildungen einer eindeutigen Ursache zuordnen.

Eine Reihe von Fehlbildungen manifestiert sich als unglückliche Folge mehrerer Faktoren (siehe Frage 13). Zu ihnen gehören die Lippen-Kiefer-Gaumen-Spalte, angeborene Herzfehler und Nierenmissbildungen. Organe mit einer komplizierten Embryonalentwicklung wie das Hirn, das Gesicht, das Herz oder die Nieren samt Harnwegen sind besonders störungsanfällig. Das Wiederholungsrisiko beträgt für Kinder von einem Elternteil oder einem Geschwister mit einem angeborenen Herzfehler gemäss einer Faustregel etwa 2–5%. Ohne eine solche Vorbelastung läge das Risiko bei 0,5–1% (1 von 100 Geburten). Dass die Veranlagung aber nur eine Ursache von vielen ist, zeigt der Umstand, dass auch Infektionen wie Röteln zu Taubheit, zu einem angeborenen Herzfehler und/oder zu Star führen. Einzelne Fehlbildungen wie der Klumpfuss oder die Pylorusstenose (verdickter Muskel am Magenausgang) treten bei Knaben, andere wie die Hüftgelenksdysplasie bei Mädchen häufiger auf. Das Wiederholungsrisiko ist dann grösser, wenn die Fehlbildung beim seltener betroffenen Geschlecht auftrat.

21. Kann die Umwelt die Wirkung unserer Gene beeinflussen?

Wir werden zwar mit einem vollständigen Erbgut geboren, und allenfalls auch mit Veranlagungen für Krankheiten, doch kann sich dieses aufgrund äusserer Einwirkungen im Verlauf des Lebens verändern. Radioaktive Strahlung in der Umwelt, chemische Substanzen etwa in der Ernährung, aber auch UV-Strahlung vermögen das Erbgut zu verändern und können so Krankheitsprozesse wie Krebs auslösen. Dass ausgiebiges, ungeschütztes Sonnenbaden zu bösartigem Hautkrebs führen kann, ist hinlänglich bekannt (siehe auch Frage 9).

Ein Spezialgebiet der Genetik ist die Ökogenetik. Sie erforscht die individuelle Reaktionsweise auf Umweltstoffe. Bestimmte Gene sind für den Abbau von Giftstoffen in der Leber verantwortlich. In der Bevölkerung sind diese Gene in unterschiedlichen Varianten (verschiedenen Allelen) vorhanden (siehe Frage 7). Dies führt dazu, dass manche Stoffe unterschiedlich schnell im Körper abgebaut werden. In der chemischen Industrie beispielsweise wird mit der Chemikalie Anilin, einem Ausgangsprodukt für Arzneimittel und Farbstoffe, gearbeitet. Etwa 10 von 100 Menschen können Anilin nur langsam abbauen und haben in der Folge ein erhöhtes Risiko, an einem Blasenkrebs («Aminokrebs») zu erkranken, wenn sie etwa am Arbeitsplatz diesem Stoff ausgesetzt sind und das Anilin in der Blase länger liegen bleibt. Viele Asiaten und Afrikaner wiederum haben nach der Stillperiode eine Laktoseintoleranz, d.h. sie können Milchzucker nicht mehr abbauen und reagieren auf Milch und Milchprodukte mit Verdauungsstörungen. Japaner haben ausserdem oft eine verminderte Fähigkeit, Alkohol abzubauen, und vertragen daher alkoholische Getränke schlecht.

22. Können Krankheitsgene auch Vorteile haben?

Es mag zwar absurd erscheinen, aber in seltenen Fällen ist dies möglich. Die Thalassämie im Mittelmeerraum und die Sichelzellanämie in Afrika sind eine erbliche Form der Blutarmut. Der rote Blutfarbstoff, welcher Sauerstoff transportiert, das Hämoglobin, ist bei dieser Krankheit verändert. Menschen, die nur von einem Elternteil diese Erbanlage erhielten, werden nicht krank. Sie sind im Gegenteil vor Malariaerregern besser geschützt, weil sich der Erreger weniger gut in den Blutzellen vermehren kann (siehe Frage 9). Dies hat dazu geführt, dass Mutationen der Allele für die Thalassämien und für die Sichelzellanämie in den erwähnten Regionen häufig vorkommen. Ein Krankheitsgen bringt einen Überlebensvorteil. An diesem Beispiel zeigt sich erneut, wie eng Erbgut und Umwelt miteinander verknüpft sind und sich gegenseitig beeinflussen. Man vermutet übrigens auch, dass Genmutationen für die zystische Fibrose deshalb bei uns so weit verbreitet sind, weil das Krankheitsgen in der Vergangenheit Vorteile zum Überleben und damit zur Weitervererbung brachte. Wenn nur eine defekte Genkopie im Erbgut vorhanden war, erkrankte die betroffene Person weniger stark an Cholera sowie anderen Durchfallerkrankungen und konnte sich wahrscheinlich besser fortpflanzen als Personen ohne ein mutiertes Gen.

23. Welche Rolle spielt die Veranlagung bei der Behandlung mit Medikamenten?

Auf die Behandlung mit Medikamenten reagieren Menschen sehr unterschiedlich. Während ein Medikament bei der einen Person eine Heilung bringen kann, wirkt dasselbe Medikament bei einem anderen nicht oder weniger gut. Bei weiteren Menschen kann die Einnahme sogar negative Folgen haben. In Spitälern in den USA wurden abnorme Reaktionen auf Medikamente bei 6,7% und tödliche bei 0,3% aller Patienten festgestellt. Auch bei der Hormonersatztherapie geht man davon aus, dass unerwünschte Risiken für Brustkrebs, Herzinfarkt, Thrombose oder Osteoporose mit einer ganzen Reihe von SNPs in Genen zusammenhängen (siehe Frage 7), also nicht alle Frauen betreffen. Heute geht man davon aus, dass nur rund ein Drittel der verabreichten Medikamente so wirkt, wie sie sollten.

So müssen Menschen mit Depressionen heute etwa 4–6 Wochen warten, um herauszufinden, ob der ihnen verschriebene Wirkstoff tatsächlich wirkt. Bei 2 von 3 wirkt das Mittel nicht, was Ärzte dazu zwingt, eine ganze Reihe von Medikamenten auszuprobieren. Diese empirische Verschreibung beruht auf individueller ärztlicher Erfahrung. Sie kostet Zeit, Geld, aber auch Gesundheit! Auch bei gewissen Blutfett senkenden Arzneien oder bei der Alzheimer-Arznei Tacrin gibt es keine Erfolgsgarantie: Bei bis zu einem Drittel der Patienten bleibt der erhoffte Effekt trotz regelmässiger Einnahme aus.

Der Grund für diese Beobachtung liegt in der genetischen Ausstattung, die von Mensch zu Mensch unterschiedlich ist. Pharmakogenetiker untersuchen daher Erbanlagen, welche die Wirkung von Arzneimitteln beeinflussen. Varianten dieser Gene erklären, warum manche Menschen extrem empfindlich auf bestimmte Medikamente reagieren, während andere kaum eine Wirkung verspüren. Ziel dieser Forschung ist es, angepasste Medikamente und spezielle Gentests zu entwickeln, um schon vor Beginn der Therapie zu erfahren, welches Medikament wirklich wirken wird (vgl. Frage 49). Aufgrund objektiv erhobener wissenschaftlicher Daten möchte man Medikamente individuell verschreiben. Man spricht von «personalisierter Medizin».

Bei manchen Medikamenten kann die Veranlagung zu schweren Komplikationen führen:

- Der Wirkstoff 5-Fluorouracil wird bei einer Reihe von Krebsformen zur Chemotherapie eingesetzt. Bei jedem 20. Patienten treten schwere Vergiftungserscheinungen auf, die unter anderem zu Herzrhythmusstörungen führen. Über vereinzelte Todesfälle aufgrund dieser Unverträglichkeit wurde bereits berichtet. Die Ursache ist die genetisch bedingte, verminderte Aktivität eines Enzyms namens Dihydropyrimidindehydrogenase.

- Maligne Hyperthermie ist eine gefährliche Erbkrankheit, die etwa nach 1 von 30 000 Vollnarkosen mit häufig verwendeten Medikamenten auftreten kann. Der Stoffwechsel wird in der Folge stark gesteigert, Herzfrequenz und Körpertemperatur steigen innerhalb weniger Minuten stark und lebensbedrohlich an. Wenn sie nicht rasch behandelt wird, führt sie bei 4 von 5 betroffenen Personen zum Tod. Die maligne Hyperthemie wird autosomal-dominant vererbt. Es bestehen verschiedene Formen.

Genetische Untersuchungen

24. Was sind genetische Untersuchungen?

Informationen über das Erbgut eines Menschen lassen sich auf verschiedene Weisen gewinnen. Zahlreiche Erbkrankheiten kann man nur schon mit dem klinischen Blick verlässlich diagnostizieren. Bis zum Aufkommen moderner genetischer Tests gaben bereits die Familiengeschichte (Familienanamnese), bildgebende Verfahren wie Röntgen, Untersuchungen von Zell- und Gewebeproben sowie die konventionelle medizinische Laboranalytik konkrete Anhaltspunkte für das Vorliegen einer bestimmten

Tabelle 2. Ebenen genetischer Untersuchungen

Untersuchung	Methode	Information
Äusseres Erscheinungsbild	Betrachtung	Hinweise auf Erbkrankheiten, die das Aussehen verändern
Individuelle Abklärungen	Alter, bei dem die Krankheit auftritt. Erstmalig oder wiederholt. Spektrum der Symptome	Hinweis auf genetische Ursache
Familiengeschichte	Familienanamnese	Hinweise auf gehäuftes Auftreten von Krankheiten in der Familie
Klinische Untersuchungen	Ultraschall, Röntgen, Blutdruck, EKG usw.	Hinweise auf eine vermutete Krankheit
Laboruntersuchungen des Körpergewebes oder von Körperflüssigkeiten	Biologische und chemische Analysen	Hinweise auf eine vermutete Krankheit
Chromosomenuntersuchung	Erstellen eines Karyogramms, FISH-Technik	Bestätigung oder Ausschluss einer vermuteten Chromosomenstörung
Molekulargenetische Untersuchung (Gentest)	Analyse von DNS, RNS oder Eiweissen	Bestätigung oder Ausschluss einer vermuteten Genveränderung

Veranlagung. Der Cholesterinspiegel, der Blutzucker, der Blutdruck, Bestandteile des Urins oder der Salzgehalt im Schweiss sind sehr spezifische Indikatoren für genetische Störungen. Jede dieser Untersuchungen liefert allerdings unterschiedliche Informationen mit unterschiedlicher Aussagekraft. So kann man aufgrund des Ultraschallbildes eines werdenden Kindes auf mögliche Erbkrankheiten schliessen oder auch solche ausschliessen. Auf der Ebene der Chromosomen dient das Lichtmikroskop als Untersuchungsinstrument, und auf der Ebene der Gene kommen verschiedene gentechnische Methoden zur Anwendung, die vorerst oft recht abstrakte Daten liefern. Wenn heute in den Medien von genetischen Untersuchungen die Rede ist, dann ist damit meist nur die molekulare Analyse der Gene, d.h. eigentliche Gentests, gemeint. Mit solchen Tests wird unmittelbar die Erbsubstanz, die DNS, ihre Abschrift (RNS), oder das daraus entstehende Protein untersucht.

25. Was ist das Besondere an Gentests?

Es ist das erklärte Ziel der Schulmedizin, der Ursache einer Krankheit oder Behinderung möglichst präzise auf die Spur zu kommen, um darauf basierend eine wirksame Behandlung anbieten zu können. Gentests dienen gerade diesem Ziel. Sie ersetzen zunehmend herkömmliche, oft aufwändige, schmerzhafte Diagnoseverfahren. Das Besondere an molekulargenetischen Tests ist, dass das eine Krankheit verursachende Gen in jedem Gewebe und in jeder Lebensphase nachgewiesen werden kann, also auch dann, wenn eine Person noch nicht geboren worden oder noch nicht erkrankt ist. Sie ermöglicht eine vorgeburtliche oder pränatale bzw. eine vorausschauende oder präsymptomatische (bevor Symptome auftauchen) Diagnostik (vgl. Fragen 24, 31, 32, 37).

26. Wie viele Krankheiten können durch genetische Tests erkannt werden?

Nur bei einem relativ kleinen Teil der heute bekannten Erbkrankheiten ist es bislang möglich, die krankheitsverursachenden Erbgutveränderungen verlässlich nachzuweisen; dies setzt nämlich voraus, dass das mutierte Gen bekannt ist und durchbuchstabiert (durchsequenziert) wurde. Bis heute sind von rund 2000 Genen diejenigen Mutationen bekannt, die zu Krankheiten führen können. Von weiteren Genen kennt man ihre Existenz und eventuell, an welchem Ort eines Chromosoms sie sich befinden. Sie können dann in einer Familie mit so genannten DNS-Markern verfolgt werden (indirekte Gen-Diagnostik). Viele Erbkrankheiten sind zudem sehr selten, und nur wenige Forschungsgruppen befassen sich weltweit mit ihnen. Diese bieten die Gentests nicht als Dienstleistung an. So kann es Zeit und Überzeugungskraft kosten, um einen indizierten, da sinnvollen Gentest realisieren zu können.

27. Zu welchem Zweck werden Gentests durchgeführt?

Genetische Tests werden heute für die Medizin immer wichtiger; sie kommen in unterschiedlichen Situationen zur Anwendung:

- um eine klinisch gestellte, eventuell nicht schlüssige Diagnose zu bestätigen oder zu verwerfen (Bestätigungsdiagnostik) bzw. um eine Diagnose präziser zu stellen (vgl. Frage 30);
- um die medikamentöse Therapie oder auch eine Diät an die individuellen genetischen Eigenschaften des Patienten anzupassen; immer häufiger kann man die Wirkung von manchen Medikamenten mittels Gentests besser voraussagen (vgl. Frage 49);
- um eine krankheitsverursachende Veranlagung festzustellen, bevor sich diese auf die Gesundheit ausgewirkt hat bzw. bevor schlecht

behandelbare Symptome ausgebrochen sind (präsymptomatische Diagnostik, vgl. Fragen 31, 39, 40);

- um zu klären, ob Eltern gesunde Anlageträger sind oder ein mutiertes Allel auf ein werdendes Kind übertragen könnten (Familienplanung, Pränataldiagnostik, vgl. Fragen 32, 33 und 37);
- um zu klären, ob ein vermuteter Vater der leibliche Vater eines Kindes ist (vgl. Frage 41).

28. Wann machen genetische Untersuchungen Sinn?

Fast während des ganzen Lebenswegs, vom werdenden Kind bis zum greisen Erwachsenen, können Gentests sinnvoll sein. Ohne klare Indikation, ohne begründeten Anlass machen sie allerdings meist wenig Sinn, denn die Suche nach Genmutationen gleicht dann der berühmten Suche nach der Nadel im Heuhaufen. Die vorhandenen Gentests vermögen noch lange nicht das ganze Erbgut eines Menschen zu erfassen. Derzeit ist es lediglich möglich, gezielt einzelne Gene auf Mutationen hin zu untersuchen und deren mögliche Konsequenzen abzuleiten.

Aus blosser Neugierde darf man keinen Gentest veranlassen. In Zukunft dürfte sich dies aber ändern: Einerseits nimmt das Wissen um die Gene und ihre Wirkung im Körper rasant zu, andererseits werden verfeinerte und effizientere Technologien entwickelt, mittels derer immer mehr Gene in immer kürzerer Zeit getestet werden können (Chiptechnologie) (siehe Frage 49). So könnte es in einigen Jahren möglich sein, die genetischen Gesundheitsrisiken eines jeden Menschen individuell und umfassender festzustellen. Für jeden Menschen liesse sich so ein Risikoprofil erstellen, das dann zu individuellen Empfehlungen betreffend Lebensstil und Vorsorgeuntersuchungen führt. Zu einem genetischen Gesamtscreening, einer umfassenden Reihenuntersuchung, wird es aber kaum kommen: Einerseits ist dies gesetzlich nicht zugelassen, andererseits macht es medizinisch wenig Sinn. Generell gilt nämlich: Genetische Untersuchungen sind nur dann sinnvoll, wenn die gewonnenen Daten durch Fachleute in sinnvolle genetische Informationen umgewandelt werden können und die getesteten Personen mit dem gewonnenen Wissen etwas zu ihrem Nutzen anzufangen wissen, sei es, dass eine Therapie gewählt oder der Krankheit bei ihnen oder ihren Angehörigen vorgebeugt werden kann.

29. Wie lassen sich genetisch bedingte Krankheiten diagnostizieren?

Hinweise auf die genetischen Ursachen von Krankheiten kann ein Arzt oder eine Ärztin auf verschiedenen Ebenen erhalten (siehe Frage 24). Wenn beispielsweise bei einem 46-jährigen Patienten eine Darmspiegelung gemacht wird (Kolonoskopie) und dabei vereinzelte oder gar mehrere Darmpolypen gefunden werden, so besteht der Verdacht, dass der Patient eine Veranlagung für Darmkrebs (Kolonkarzinom) hat (HNPCC = hereditary nonpolyposis colorectal cancer).

Dem Arzt stehen nun verschiedene Möglichkeiten zur Verfügung, seinen Verdacht zu erhärten:

- Die Analyse des Stammbaums der Familie des Patienten gibt Hinweise darauf, ob und wie eine gewisse Krankheit in der Familie bereits aufgetreten ist (vgl. Frage 64). Dabei wird beim Dickdarmkrebs abgeklärt, ob Familienmitglieder eventuell schon in jungen Jahren und mehrfach an Darmkrebs, aber auch an anderen Tumoren, speziell Gebärmutterkrebs, erkrankt sind.
- Weitere Hinweise liefern übliche ärztliche Untersuchungen wie das Aussehen, das Messen von Herzrhythmen, Blutdruck oder konventionelle Laboruntersuchungen wie die Analyse der Blutwerte, resp.

von Blut im Stuhl. Im Fall des Darmkrebsrisikos werden die Polypen, die bei der Kolonoskopie entnommen wurden, genauer untersucht (histologisch, immunhistochemisch und molekulargenetisch). Eine solche Analyse kann zeigen, ob das Gewebe bereits Zeichen der Entartung und der genetischen Instabilität aufweist.

- Ein unmittelbarer Nachweis genetischer Ursachen gelingt einerseits mit Chromosomenuntersuchungen, einschliesslich der FISH-Technik, oder mit molekulargenetischen Untersuchungen, also einem Gentest (vgl. Fragen 13, 24).

30. Wie werden genetische Tests eingesetzt, wenn eine Krankheit ausgebrochen ist?

Normalerweise werden in der Medizin Untersuchungen erst dann durchgeführt, wenn eine Person bereits erkrankt ist. Die Ärztin oder der Arzt trifft eine Reihe von Abklärungen. Sie oder er befragt den Patienten, untersucht ihn äusserlich und veranlasst vielleicht eine Reihe von Untersuchungen wie Ultraschall, Röntgen oder Blutuntersuchungen. Meist hat der Arzt oder die Ärztin bereits eine Vermutung. Wenn es sich dabei um eine erblich bedingte Krankheit handelt, so kann der genetische Test aus einer Vermutung Gewissheit werden lassen. Das Ziel ist dabei, die Krankheit möglichst genau diagnostizieren zu können. Ähnliche Krankheitsbilder können verschiedene genetische Ursachen haben; man spricht von Heterogenität. Je genauer die Diagnose, desto präziser die Therapie, lautet die Regel. Dadurch kann der Behandlungserfolg verbessert werden und dies in Zukunft immer häufiger.

31. Wie werden genetische Untersuchungen eingesetzt, um eine Risikosituation zu vermeiden?

In der medizinischen Genetik geht es oft darum, eine Voraussage über ein genetisches Risiko zu machen. Dabei kann die Untersuchung ein bestimmtes Gen oder die Chromosomen betreffen.

Die Bedeutung eines Gentests kann folgende Situation illustrieren: Ein Paar möchte Kinder haben, ist aber verunsichert, weil die Schwester der Frau ihr Kind wenige Monate nach der Geburt wegen einer ausgeprägten Muskelschlaffheit verlor. Es litt an der angeborenen Form der myotonen Dystrophie. Die 25-jährige Schwester hat ebenfalls leichte Zeichen einer Muskelstörung; sie hat Schwierigkeiten, die Muskeln zu entspannen. Der Gentest zeigte dann auch, dass sie in einem ihrer beiden Gene eine Veränderung aufweist, die selbst nur leichte klinische Folgen hat, sich aber bei der Keimzellbildung verschlimmern kann. Dies hat zur schweren Krankheit des Kindes geführt. Die Ratsuchende vermutet ihrerseits, Zeichen einer myotonen Dystrophie aufzuweisen: Sie hat Schwierigkeiten, gerade bei Kälte, die Bremshebel am Fahrrad wieder loszulassen. Wenn das Paar genetische Risiken seiner Kinder abklären will, lernt es etwas Entscheidendes über das eigene Erbgut.

Das ist auch bei Nachkommen von Patienten mit der Chorea Huntington so (siehe Frage 9), die sich erst etwa um das 40. Altersjahr bemerkbar macht, die ein Risiko von 50% haben, das krankheitsverursachende Gen zu erben. Die Ärztin, der Arzt wird daher zunächst die Vor- und Nachteile eines Gentests mit den Ratsuchenden diskutieren und erst nach genügend Bedenkzeit sowie der Zustimmung der Betroffenen die molekulargenetische Abklärung veranlassen. Die Erfahrung zeigt, dass längst nicht alle potentiellen Genträger einen Gentest haben wollen. Bei Chorea Huntington macht etwa die Hälfte der Personen, die sich beim Arzt informieren, danach einen Gentest.

In die Abwägung des Für und Wider genetischer Tests geht ein, wie hoch überhaupt die Ausgangsrisiken sind, aufgrund derer man den Test erstellen will, und was man unternehmen kann, um einem allfällig erhöhten Risiko zu begegnen. Mit anderen Worten: Ein Gentest braucht immer einen konkreten Anlass, eine konkrete Indikation. Meist sind dies gehäufte Krankheitsfälle in der Familie, beispielsweise Darmkrebs. Bestätigt sich die Veranlagung, kann dank einer jährlichen Darmuntersuchung ein allfällig neu entstandener Tumor früh und in einem noch harmlosen Stadium diagnostiziert werden. Meist lässt er sich während der Untersuchung mit einer Schlinge entfernen. Hier trägt die ärztliche Überwachung sehr viel im Hinblick auf die Lebenserwartung und Lebensqualität bei. Aber auch bei der noch nicht eigentlich behandelbaren Chorea Huntington erlaubt eine genetische Diagnose, rechtzeitig die Lebensumstände (überbeanspruchende berufliche Herausforderungen) den Gegebenheiten anzupassen und dadurch zusätzlichen Frustrationen vorzubeugen, die häufig das Familienleben ganz besonders belasten.

Der Anlass für eine genetische Untersuchung kann aber auch ein erhöhtes Risiko aufgrund anderer Umstände sein: Wenn beispielsweise eine schwangere Frau über 35 Jahre alt ist, steigt das Risiko für eine Trisomie 21 des Kindes allmählich an. Soll die Frau eine Chromosomenuntersuchung veranlassen? Dank Ultraschalluntersuchungen und der Mitberücksichtigung von chemischen Parametern im Blut der Schwangeren (Ersttrimestertest, Triple-Test) lässt sich heute das Risiko, dass ein Kind mit einer Chromosomenanomalie unterwegs ist, präzisieren (siehe Frage 37). Bleibt der Verdacht bestehen, kann er mittels einer Chromosomenuntersuchung von Zellen aus Chorionzotten oder der Amnionflüssigkeit überprüft werden.

32. Wie werden genetische Untersuchungen für die Familienplanung eingesetzt?

Wenn eine schwerwiegende Krankheit in Familien gehäuft auftritt, sind die betroffenen Familienmitglieder oft stark sensibilisiert. Sie sind sich bewusst, dass für ihre Nachkommen möglicherweise ein Krankheitsrisiko besteht. Sie haben miterlebt, was es bedeutet, wenn eine ihnen nahe stehende Person an dieser Krankheit leidet. Daher stellt sich bei ihnen oft die Frage, ob sie als Gesunde trotzdem Krankheitsgene aufweisen, die sie an Kinder weitervererben könnten und ob eine solche auch bei der Partnerin oder beim Partner vorliegt. So ist etwa 1 auf 23 Personen Anlageträger für die zystische Fibrose.

Dazu muss zunächst geklärt werden, ob die Person, also der künftige Vater und die künftige Mutter, selbst entsprechende Anlagen besitzt. Mit der Hilfe eines medizinischen Genetikers ist es dann in der Regel möglich, anhand der Befunde eine Risikobeurteilung vorzunehmen. Besteht ein Risiko, so kann ein Paar seine Familienplanung darauf ausrichten. Es kann aber auch entscheiden, keine Kinder zu bekommen. Es kann entscheiden, eine pränatale Untersuchung im Falle einer Schwangerschaft zu beanspruchen. Eine Schwangerschaft wird oft abgebrochen, wenn eine Veranlagung vorliegt, die ab Geburt oder während der Kindheit zu einer schweren und unheilbaren Krankheit führt. Manchmal besteht aber auch die Möglichkeit, eine Therapie bereits im Mutterleib durchzuführen, z.B. wenn ein ungeborenes Mädchen eine 21-Hydroxylase-Defizienz aufweist, die zu einer Bildungsstörung der Steroidhormone und damit zur Vermännlichung bereits vor der Geburt führen würde (siehe Frage 40). Durch die Verabreichung des Medikaments Dexamethason lassen sich eine Vermännlichung und deren chirurgische Korrektur nach der Geburt vermeiden.

33. Haben Verwandte, die eine Ehe schliessen möchten, eine erhöhtes Krankheitsrisiko?

Weltweit sind Ehen unter Verwandten recht häufig. In bestimmten Gegenden wird fast jede fünfte Ehe zwischen nahen Verwandten geschlossen. Es besteht die weit verbreitete Angst, dass Verwandtenehen zu einer Degeneration und Behinderungen bei den Kindern führen würden. Cousine und Cousin, die einen Heiratswunsch haben, wollen sich daher genetisch beraten lassen. Bereits die Tatsache, dass weltweit viele Verwandtenehen geschlossen werden, zeigt, dass das Risiko nicht drastisch erhöht sein kann, wenn nicht besondere Umstände, wie schwere Erbkrankheiten in der Familie, vorliegen. Verwandte, die weiter als Cousin und Cousine voneinander entfernt sind, haben meist kein wesentlich erhöhtes Risiko im Vergleich zu Ehen aus der Gesamtbevölkerung, vor allem dann, wenn die Vorfahren der beiden anderen Elternteile nicht miteinander verwandt sind und sie nicht aus einer Bevölkerung stammen, in der ein bestimmtes krankheitsverursachendes Gen besonders häufig vorkommt. Bei der Eheschliessung zwischen eng verwandten Partnern gibt eine Stammbaumanalyse deutliche Hinweise, ob und in welchem Mass das Risiko einer Veranlagung für Erkrankungen und Behinderungen bei den Kindern erhöht ist. Grosse Risiken können bereits durch einige wenige einfache Fragen reduziert werden: Sind alle in der Familie normal gross? Konnten alle die normale Schule besuchen? Ist das Sehen oder das Hören beeinträchtigt? Kommen auffällige Krankheiten wie etwa Muskelschwäche in der Familie vor? Weisen alle Antworten auf Normalität hin und stammt das Paar nicht aus einer gefährdeten Bevölkerungsgruppe, so verdoppelt sich etwa das Krankheitsrisiko für Nachkommen von Cousine und Cousin 1. Grades gegenüber demjenigen der Durchschnittsbevölkerung. Dies wird in der Regel nicht als Grund angesehen, um auf eigene Kinder zu verzichten.

34. Kann es eine genetische Ursache haben, wenn eine Frau das Kind während der Schwangerschaft «verliert»?

Ein sehr hoher Anteil an Schwangerschaften endet vorzeitig, oft so kurz nach der Einnistung in die Gebärmutter und daher zu früh für einen Schwangerschaftstest, so dass die Schwangerschaft praktisch unbemerkt bleibt (vielleicht hat sich einzig die Monatsblutung etwas verzögert). Man vermutet, dass Chromosomenstörungen bei der Hälfte aller befruchteten Eizellen (Zygoten) vorliegt. Bei Aborten, die vor der erwarteten Regelblutung – also unbemerkt – auftreten, nimmt man sogar bis zu 80% Erbgutschäden als Ursache an. Aber auch Spontanaborte, die in der ersten Hälfte einer Schwangerschaft auftreten, können genetische Gründe haben. Hat eine Frau 3 Fehlgeburten erfahren, so wird eine Chromosomenuntersuchung empfohlen. Bei etwa 5% der Paare findet man dann bei einem Elternteil eine Chromosomenanomalie im sogenannten balancierten Zustand, d.h. ohne Auffälligkeit bei den Eltern.

35. Gefährden Chemo- und Strahlentherapie ein künftiges Kind?

Das hängt stark von der individuellen Situation ab. Grundsätzlich gilt es zu unterscheiden zwischen der erbgutschädigenden Belastung, welcher die Keimzellen ausgesetzt sind, und teratogenen Belastungen (vgl. Frage 20), die während der Schwangerschaft einwirken und die Entwicklung eines Kindes gefährden könnten. Es ist aber wichtig zu wissen, dass sowohl Chemikalien und Medikamente als auch radioaktive Strahlungen zu Schädigungen des Erbguts führen können.

Können solche Einflüsse die Eizellen oder die Spermien so verändern, dass die Kinder dann mit Fehlbildungen oder Krankheiten zur Welt kommen? Die Frage stellt sich vor allem für Paare, die aufgrund einer Therapie oder auch der Situation am Arbeitsplatz einer erhöhten Belastung ausgesetzt sind. Generell besteht kein wesentlich erhöhtes Risiko. Aus Untersuchungen nach dem Atombombenabwurf von Hiroshima und Nagasaki weiss man, dass auch nach extrem hoher Strahlenbelastung nicht wesentlich häufiger behinderte Kinder wegen Erbgutveränderungen in der Keimbahn zur Welt kommen.

Strahlenbelastungen wie durch das Röntgen führen zu keinem erhöhten Risiko, wenn sie zurückhaltend eingesetzt werden. Nach einer Chemo- oder Strahlentherapie sind die betroffenen Personen oft für eine gewisse Zeit unfruchtbar. Dennoch sollte für die ersten 3 Monate nach einer solchen Therapie eine Schwangerschaft vermieden werden, da – im Falle einer Befruchtung – das Risiko einer körperlichen Beeinträchtigung des Kindes erhöht ist. Nach diesen 3 Monaten nimmt das Risiko ab.

Bei gewissen Medikamenten müssen insbesondere Frauen darauf achten, während der Behandlung nicht schwanger zu werden. Denn diese Medikamente können eine Frucht schädigende (teratogene) Wirkung haben und zu Fehlbildungen führen (u.a. Contergan, Antiepileptika, Vitamin-A-Derivate und Lithium). Auch ist während der Schwangerschaft sehr vorsichtig mit Strahlenbelastungen umzugehen.

36. Kann dank einer künstlichen Befruchtung die Übertragung von Krankheitsveranlagungen verhindert werden?

Ja, dies ist möglich. Falls im Erbgut des Ehemannes eine gesundheitsgefährdende Mutation vorliegt, kann eine Samenspende erwogen werden. Paare mit einem hohen Risiko einer schweren Krankheit ihrer Nachkommen gehen manchmal den Weg der künstlichen Befruchtung. Sie möchten sich nicht dem Risiko eines Schwangerschaftsabbruchs aussetzen. Dabei werden nach einer medikamentösen Stimulation des Eierstocks mehrere reife Eier der Frau entnommen. In der Petrischale werden diese Eier mit den Spermien des Mannes befruchtet. Die befruchteten Eizellen beginnen sich zu teilen. Aus einer werden zunächst 2, dann 4, dann 8 Zellen. Im Blastozytenstadium ist es möglich, 1–2 Zellen des Embryos abzulösen, ohne dessen weitere Entwicklung zu gefährden. Das Erbgut dieser Zelle lässt sich genetisch untersuchen. Zeigt der Test, dass die Krankheitsveranlagung nicht vorliegt, kann der Embryo in die Gebärmutter der Frau transferiert werden. Diese Art der genetischen Untersuchung wird Präimplantationsdiagnostik genannt. Sie ist aber in einigen Ländern, darunter der Schweiz, Deutschland und Österreich, verboten, da befürchtet wird, dass künftig Embryonen nicht nur auf schwere Krankheiten, sondern auch auf Eigenschaften wie Intelligenz oder Augenfarbe untersucht werden könnten. Damit würde der Eugenik, der Auswahl von Menschen mit bestimmten Eigenschaften, Tür und Tor geöffnet. Dieser Einwand könnte aber auch gegen die erlaubten Formen der pränatalen Diagnostik mittels Amniozentese oder Chorionbiopsie angeführt werden.

37. Wann werden genetische Tests zur vorgeburtlichen Untersuchung eingesetzt?

Vorgeburtliche, pränatale Untersuchungen (Abb. 7, Seite 48) werden bei genetisch bedingten Krankheiten vorgenommen, wenn diese zu schweren körperlichen und geistigen Behinderungen oder zu einer schweren Beeinträchtigung der Lebensqualität führen. Am häufigsten werden vorgeburtliche genetische Untersuchungen durchgeführt, wenn ein erhöhtes Risiko für eine Chromosomenstörung besteht. Dieses Risiko, etwa für Trisomie 21, wächst mit zunehmendem Alter der Mutter, es steigt nach dem 35. Lebensjahr merklich an. Das Alter des Vaters führt nicht zu einem diesbezüglich eindeutig erhöhten Risiko. Ultraschallabklärungen und die Bestimmung von chemischen Markern im mütterlichen Blut ermöglichen es heute, die mit dem Alter verbundene Risikokonstellation weiter und individueller abzuklären. Eine letztlich klärende Chromosomenanalyse kann durchgeführt werden, wenn ein Verdacht auf das Vorliegen einer schweren Behinderung besteht. Dazu muss dem Mutterleib eine Zellprobe durch Chorionzottenbiopsie oder Amniozentese entnommen werden (vgl. Frage 38).

Ein Gentest wird vorgeburtlich nur durchgeführt, wenn ein begründeter Verdacht besteht, dass das künftige Kind an einer schweren monogen vererbten Krankheit leiden könnte. Auf solche Risiken wird man meist erst dann aufmerksam, wenn ein früheres Kind an einer schweren Erbkrankheit leidet oder das Paar aus einer Bevölkerungsgruppe stammt, in der ein mutiertes Gen stark verbreitet ist und sie dieses aufweisen; so ist die Beta-Thalassämie in der Bevölkerung aus dem Mittelmeerraum häufig.

38. Wie werden vorgeburtliche genetische Untersuchungen durchgeführt?

Grundsätzlich unterscheidet man zwischen nichtinvasiven und invasiven Untersuchungsmethoden. Zu den nichtinvasiven Methoden gehört die Ultraschalluntersuchung oder die Analyse von Serumsmarkern (Eiweissen und Hormonen) im Blut der Mutter. Daraus lässt sich unter Berücksichtigung des mütterlichen Alters das individuelle Risiko ableiten. Bei den invasiven Methoden werden kindliche Zellen entnommen, um das Erbgut des werdenden Kindes direkt analysieren zu können. Diese Zellen erhält man entweder durch eine Entnahme von Zellen aus jenem Gewebe, das sich später in der Schwangerschaft zum Mutterkuchen

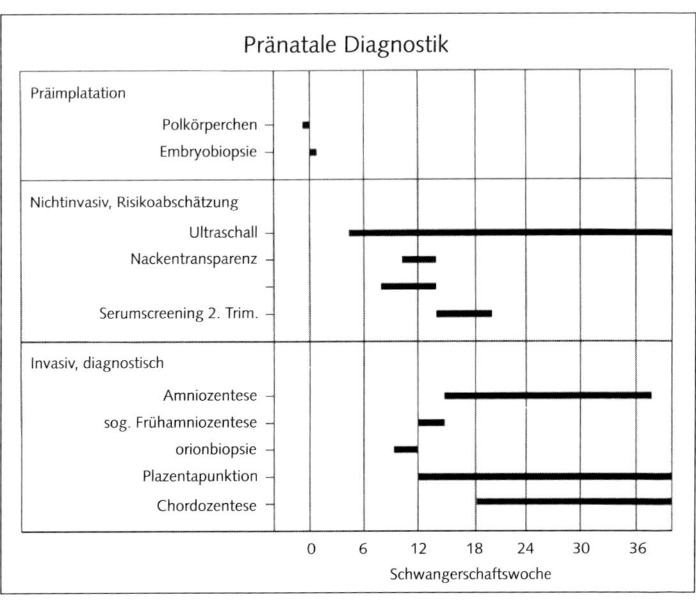

Abbildung 7: Methoden der vorgeburtlichen Diagnostik und ihr Einsatzzeitpunkt während der Schwangerschaft.

entwickelt (Chorionbiopsie) oder durch eine Fruchtwasserpunktion (Amniozentese). Die Chorionbiopsie wird in der Regel um die 11., die Amniozentese um die 15. Schwangerschaftswoche vorgenommen (Abb. 7). Ab der 18. Schwangerschaftswoche kann auch kindliches Blut aus der Nabelschnur gewonnen werden. Bei allen drei Methoden handelt es sich um einen Eingriff in den Körper der werdenden Mutter. Mit einer dünnen Nadel oder einer Kanüle wird das kindliche Gewebe durch die Bauchdecke oder die Scheide entnommen. Dies ist mit einem geringen Risiko für die Schwangerschaft verbunden. Ein Abort, ein Schwangerschaftsabbruch, kann provoziert werden. Je nach Methode liegt dieses Risiko zwischen 0,5 und 1,5%, also können 1–3 von 200 Schwangerschaften verloren gehen. Verletzungen des Feten sind in den letzten Jahren dank der Ultraschallüberwachung des Eingriffs aber unwahrscheinlich geworden.

Die vorgeburtliche Diagnostik ist mit vielen Vor- und Nachteilen verbunden und bedarf einer guten Information und Beratung durch die Ärztin oder den Arzt; ein wohlüberlegtes Abwägen von Risiken ist erforderlich. Eltern und Ärzte sollten dies bereits vor der ersten Kontrolluntersuchung per Ultraschall diskutieren. Denn bereits der erste Ultraschall oder die erste, scheinbar routinemässige Screeninguntersuchung des Blutes der Schwangeren kann erste Hinweise auf eine genetisch bedingte Krankheit oder ein erworbenes Risiko (z.B. bei einer Rötelnerkrankung in der Schwangerschaft) liefern.

39. Wann werden genetische Untersuchungen bei Kindern und Jugendlichen vorgenommen?

Eine Reihe von Krankheiten mit einem genetischen Hintergrund macht sich bei Kindern und Jugendlichen bemerkbar. Das kann eine geistige Behinderung sein, die sich zeigt, z.B. weil das Kind Schwierigkeiten in der Schule hat. Auch Störungen von Sinneswahrnehmungen wie Schwerhörigkeit oder Sehstörungen und andere Erkrankungen des Nervensystems oder der Muskeln machen sich in der Regel erst bemerkbar, wenn das Kind auf der Welt ist. Diese Erkrankungen können dank genetischer Untersuchungen besser abgeklärt werden (Bestätigungsdiagnostik). Von Fall zu Fall lässt sich aufgrund der daraus hervorgehenden Ergebnisse besser voraussagen, wie sich die Krankheit entwickeln wird und wie sie behandelt werden kann. Eine genaue Abklärung der Krankheitsursache kann auch für die Familienplanung der Eltern oder die Betreuung von Geschwistern wichtige Informationen abwerfen.

Eine genetische Untersuchung bei Kindern wird auch in Fällen vorgenommen, in denen eine Veranlagung vorliegen könnte, die sich im Kindes- und Jugendlichenalter manifestiert und der man mit medizinischen Massnahmen erfolgreich begegnen kann (z.B. von Hippel-Lindau-Erkrankung und Zerstörung der Gefässtumoren der Netzhaut mittels Laserstrahlen in einem Frühstadium).

Wenn eine Krankheit erst im Erwachsenenalter ausbricht, sollte keine genetische Untersuchung durchgeführt werden. Wenn etwa die Mutter Trägerin eines Brustkrebsgens ist, so muss die Autonomie des Kindes gewahrt bleiben. Es soll später selbst entscheiden können, ob es eine entsprechende Untersuchung haben will oder nicht. Auch die Abklärung eines Überträgerstatus, z.B. ob die Tochter wie die Mutter ebenfalls Überträgerin für die Muskeldystrophie Duchenne (siehe Frage 14) ist, darf bei Kindern und Jugendlichen nicht durchgeführt werden. Diesbezüglich sind Kinder vor der Wissbegierde der Eltern und deren späterer Einflussnahme auf eine künftige Familienplanung zu schützen.

40. Weshalb werden Kinder nach der Geburt routinemässig genetisch untersucht?

Seit bald vier Jahrzehnten werden Neugeborene routinemässig auf einige erbliche Krankheiten getestet. Dank des Neugeborenenscreenings konnten bisher weltweit tausende schwerste Behinderungen verhindert werden. Den Neugeborenen wird innerhalb von 72–96 h nach der Geburt etwas Blut auf ein Löschpapier getropft und dieses anschliessend zur Analyse verschickt. Es handelt sich um schwerwiegende Gesundheitsstörungen, die aber mit Diät oder medikamentöser Behandlung vermeidbar sind und den betroffenen Kindern ein annähernd normales Leben ermöglichen. Zu den getesteten Erkrankungen gehören:

- Die Phenylketonurie ist eine erbliche Störung des Eiweissstoffwechsels, die unbehandelt zu schwerer geistiger Behinderung und zu verzögerter körperlicher Entwicklung führt. Dank eiweissarmer, individuell abgestimmter Diät der Babys ist aber eine weitgehend normale Entwicklung möglich.
- Die Galaktosämie ist eine genetisch bedingte Unverträglichkeit eines Teils des so genannten Milchzuckers (Laktose). Sobald das Neugeborene gestillt wird, treten Erbrechen, Krampfanfälle und schwere Gelbsucht auf. Dank rechtzeitiger Behandlung, d.h. galaktosefreier Diät, kann der rasche Tod wegen Leberversagen vermieden werden.
- Das androgenitale Syndrom ist eine Störung in der Kortisolbildung. Bei den Mädchen resultieren daraus eine krankhafte Vergrösserung der Klitoris und später Zyklusstörungen, bei den Knaben eine Störung im Salzhaushalt und Wachstumsstörungen, u.a. bei den Hoden. Der Hormonmangel kann aber mit einer Behandlung der Mutter mit Kortisonen ausgeglichen werden, so dass sich die Geschlechtsorgane normal entwickeln.
- Die Hypothyreose ist durch eine unzureichende Versorgung der Körperzellen mit Schilddrüsenhormonen gekennzeichnet, die zu vielfältigen Symptomen, insbesondere einer verlangsamten geistigen Entwicklung führt. Eine Behandlung mit Schilddrüsenhormonen sollte möglichst frühzeitig einsetzen.

Eltern, deren Kinder von diesen Stoffwechselkrankheiten betroffen sind, werden über die Screeningresultate sofort informiert und erhalten Beratung und Unterstützung von speziell ausgebildeten Fachpersonen.

41. Wie werden genetische Tests eingesetzt, um die Vaterschaft festzustellen?

Da die Hälfte des Erbguts eines Menschen vom Vater und die andere Hälfte von der Mutter stammen, enthält das Erbgut Charakteristika (DNS-Polymorphismen) von beiden Elternteilen. Alle Menschen sind einzigartig, und dies – mit Ausnahme von eineiigen Zwillingen – auch in ihrem Erbgut; daher lässt sich eine Vaterschaft eindeutig ausschliessen. Diese Untersuchung kann im Rahmen von Vaterschaftsklagen nützlich sein, wenn die Mutter beispielsweise Unterhaltszahlungen erwirken will.

Einige private Laboratorien bieten Vaterschaftstests öffentlich an. Sie wenden sich vor allem an jene Väter, die daran zweifeln, ob sie wirklich der Erzeuger eines Kindes sind. Vor solchen Tests ist dringend abzuraten, wenn die Mutter nicht eingeweiht und einverstanden ist. Es handelt sich dabei um heikle Situationen, die oft auch durch einen Vaterschaftstest nicht geklärt werden können. Ausserdem werden die Rechte der Mutter verletzt, wenn die Untersuchung hinter ihrem Rücken geschieht.

42. Gibt es dank Gentest auch neue Vorbeuge- oder Behandlungsmöglichkeiten?

Medizinischer Fortschritt in Therapie und Prävention kann dann erzielt werden, wenn man die biologischen Mechanismen gut kennt, die einer Krankheit zugrunde liegen. Deshalb beteiligen sich viele betroffene Menschen an Forschungsprogrammen, auch wenn sie selbst von den Resultaten dieser Forschung oft nicht profitieren können. Sie möchten aber, dass man etwas aus ihrem Schicksal lernt und für künftige Kranke nutzbar macht.

Durch einen Gentest können bei Risikopersonen Vorbeugung und Behandlung gezielter und effizienter eingesetzt werden. Beim Dickdarmkrebs kann eine jährliche Untersuchung des Darms mittels Kolonoskopie die rechtzeitige Entdeckung eines neu entstandenen Tumors ermöglichen.

Mittels Gentests lässt sich auch feststellen, wie ein Mensch auf bestimmte Medikamente reagiert, d.h. ob das Medikament wirksam sein oder negative Auswirkungen haben wird (siehe Frage 23). Hier können Gentests dazu beitragen, negative oder gar fatale Folgen von Medikamententherapien zu verhindern oder auch Medikamente nutzbar zu machen, die ansonsten für gewisse Menschen eine zu hohe Gefährdung darstellen würden.

43. Was bedeutet ein positiver oder pathologischer Gentest?

Ein positives Resultat bedeutet, dass das spezifische Gen, nach dem gesucht wurde, tatsächlich in mutierter, d.h. der krankheitsverursachenden Form vorliegt. Falls die Krankheit bereits ausgebrochen ist, kann nun der Arzt oder die Ärztin die klinische Diagnose absichern und eine entsprechende Therapie einleiten, z.B. zur Vermeidung der Gefährdung durch einen weiteren Tumor. Falls die Krankheit nicht ausgebrochen ist und ein vorausschauender Test gemacht wurde, bedeutet dies nicht, dass die untersuchte Person krank ist: die Wahrscheinlichkeit ist aber gestiegen, dass sie in Zukunft an diesem Leiden erkranken wird.

Das Risiko, bis zum 80. Lebensjahr an Brustkrebs zu erkranken, beträgt gegen 10%. Falls bei einer Frau eine *BRCA1*- oder *BRCA2*-Mutation nachgewiesen werden kann, steigt dieses auf etwa 85%. Ob und wann genau sie eventuell auch an einem Eierstockkrebs erkranken wird, kann das Testergebnis nicht voraussagen.

Gentests sind in der Regel zuverlässig, d.h. das Ergebnis ist reproduzierbar. Wenn der Test aufgrund eines konkreten Verdachts veranlasst wird, also indiziert ist, und durch erfahrenes Laborpersonal ausgeführt wird, kann ein positives Testresultat als sehr sicher gelten.

44. Was bedeutet ein negativer Gentest?

Ein negatives Resultat bedeutet, dass eine Mutation im spezifischen Gen, nach der gesucht wurde, im Erbgut nicht gefunden werden konnte. Technische und biologische Gründe können dafür verantwortlich sein. Eventuell hat man das falsche Gen analysiert, denn häufig führen Mutationen verschiedener Gene zu sehr ähnlichen Krankheitsbildern, die alle mit einem separaten Gentest geprüft werden müssen und die man vielleicht noch nicht alle kennt. Man spricht von genetischer Heterogenität.

Bei der Erbkrankheit zystische Fibrose (auch Mukoviszidose genannt) sind über 200 verschiedene Genvarianten bekannt. Das Vorliegen der 31 am häufigsten vorkommenden Genvarianten wird vorerst im Rahmen eines Gentests abgeklärt. Diese decken aber nur rund 90% der mutierten Gene ab. Falls die klinische Verdachtsdiagnose trotz negativem Gentest bestehen bleibt, muss das ganze Gen, also Nukleotidbaustein für Nukleotidbaustein, durchsequenziert werden: Es wird damit überprüft, ob alle Bausteine vorhanden und am korrekten Ort sind.

45. Was versteht man unter medizinisch-genetischen Daten? Was sind genetische Informationen?

Unter genetischen Daten versteht man die unmittelbaren Ergebnisse, die aus einer genetischen Untersuchung hervorgehen. Sie bedürfen aber der Interpretation, um in relevante Informationen umgewandelt zu werden. Vielleicht muss die klinische Diagnose nochmals hinterfragt werden, wenn das Untersuchungsergebnis nicht zu den vorliegenden Symptomen passt. Ausgehend von genetischen Untersuchungsdaten berücksichtigen genetische Informationen den Menschen als Person mit ihren klinischen Symptomen, aber auch in ihrem sozialen Umfeld.

46. Wie kann man genetische Daten deuten?

Jede Form der medizinischen Untersuchung kann konkrete Hinweise auf Eigenschaften des Erbguts geben; Gewissheit liefert der direkte Nachweis einer Mutation im Erbgut (vgl. Fragen 24–26). Auch der direkte Nachweis mittels Gentests bedarf der Interpretation: Handelt es sich um einen vorausschauenden (präsymptomatischen) Test, ist die Person meist noch nicht erkrankt, und so liefert dieser zwar Gewissheit über die Veranlagung, aber nicht darüber, ob, wie und wann sie sich auswirken wird. Oft kann man aufgrund einer Veranlagung nicht sagen, ob und wann diese zum Tragen kommt, ob und wann diese Person erkranken wird. Das Risiko, dass sie erkrankt, ist lediglich im Vergleich zur Bevölkerung erhöht.

47. Wie funktioniert ein Gentest?

Grundsätzlich werden zwei Typen von Gentests unterschieden: direkte und indirekte. Sobald der Aufbau eines Gens und seine krankheitsverursachenden Mutationen bekannt sind, lässt sich die krankheitsverursachende Erbveränderung *direkt* nachweisen, indem man die DNS, das von ihr abgeschriebene RNS-Transkript oder das primäre Eiweissprodukt untersucht.

Für den Mutationsnachweis kommen verschiedene Testmethoden mit all ihren Vor- und Nachteilen zur Anwendung. Meist wird aber jenes Genstück, in dem eine Mutation vorliegen kann, vervielfacht, um genügend DNS für den Gentest zur Verfügung zu haben. Dabei handelt es sich um die so genannte Polymerasekettenreaktion, mit der man ein bestimmtes DNS-Segment aus dem Erbgut millionenfach herauskopieren kann.

Bei den *indirekten* Tests werden nicht die Gene selbst untersucht, sondern sogenannte DNS-Marker, die sich innerhalb oder in unmittelbarer Nähe des Gens von Interesse befinden und mit ihm vererbt werden. Dann überprüft man, welche Marker die erkrankten Angehörigen im Vergleich zu den gesunden Familienmitgliedern aufweisen. Für den indirekten Test, eine so genannte Kopplungsanalyse, ist somit eine eigentliche Familienuntersuchung unter Einschluss von kranken und gesunden Angehörigen notwendig.

48. Wer führt einen Gentest durch?

Die heute gebräuchlichen Gentests sind im Hinblick auf ihre technische Durchführung sehr anspruchsvoll. Sie benötigen routinemässige Erfahrung und stellen hohe Anforderungen an das Personal und die Laboreinrichtungen. Gentests werden daher von spezialisierten, medizinisch-genetischen Labors durchgeführt, die sich auch einer regelmässigen Qualitätsprüfung unterziehen. Manche Krankheiten sind allerdings so selten, dass nur wenige Labors weltweit sich für sie interessieren. Daher kann nur ein kleiner Teil aller möglichen Gentests als Routineuntersuchungen angeboten werden. Bei seltenen Erbkrankheiten müssen Forschungsgruppen gebeten werden, einen Gentest vorzunehmen. Dies kann Überzeugungskraft und zudem Zeit beanspruchen.

In den kommenden Jahren dürften die Verfahren der Gentests einfacher werden: Man entwickelt zur Zeit so genannte Testkits, so dass Gentests einmal in der ärztlichen Praxis oder eventuell gar von Laien vorgenommen werden könnten. Damit verbunden ist aber die Sorge, ob dann jeweils die Voraussetzungen nicht gegeben sind, ob ein Test ohne Veranlassung durchgeführt wird und ob die richtigen Schlüsse aus dem Testergebnis gezogen werden. Dies beinhaltet die Gefahr von Fehlschlüssen und von damit verbundenen psychischen Belastungen (vgl. Frage 74). Zu den neuen technischen Verfahren gehört auch die so genannte Biochip-Technologie, welche die Untersuchung einer Vielzahl von Gensequenzen in vielen Proben gleichzeitig ermöglicht (vgl. Frage 49).

49. Was kann ein Genchip untersuchen?

Während mit herkömmlichen DNS-Tests jeweils nur einige wenige Gene analysiert werden können, lassen sich mit einem Genchip dutzende bis hunderte von Erbgutabschnitten gleichzeitig analysieren (Abb. 8). Dank solcher Chips kann zudem die Aktivität eines Gens gemessen werden. Ein Genchip ist etwa so gross wie ein Daumennagel. Um das Erbgut eines Patienten zu analysieren, benötigt es einige Körperzellen. Etwas Blut reicht bereits. Durchgeführt wird der Test – wie alle genetischen Tests – in einem spezialisierten Labor. Bisher werden solche Genchips vor allem für die Forschung eingesetzt.

Erst ein Genchip wird in der Medizin eingesetzt: Er kann feststellen, ob ein Patient gewisse Medikamente schnell oder

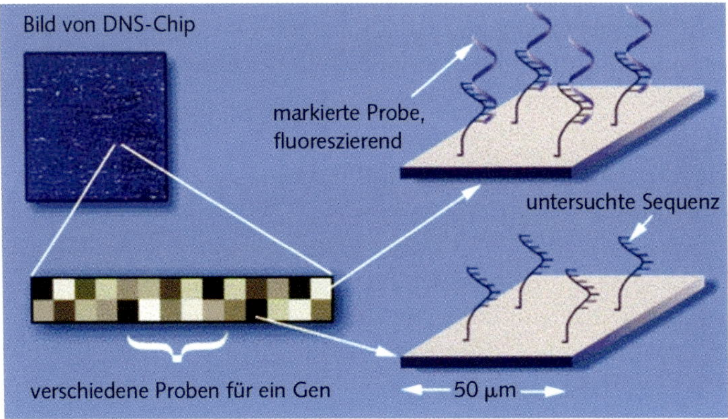

Abb. 8: Funktionsweise eines Genchips: Ist eine gesuchte DNS-Sequenz in der Blutprobe vorhanden, leuchtet das entsprechende Feld auf dem Chip (oben rechts).

langsam abbaut. Denn bis zu 10% der Patienten haben einen sehr langsamen Stoffwechsel und riskieren darum grössere Nebenwirkungen, wenn die Dosierung nicht angepasst wird. Der Chip kann bei Arzneien gegen Herz-Kreislauf-Krankheiten, Bluthochdruck, Depressionen und andere häufige Krankheiten eingesetzt werden. Bald sollen weitere Chips für die Untersuchung von Krebszellen auf den Markt kommen: 20 verschiedene Formen von Leukämie lassen sich dann unterscheiden. Man hofft dann auch voraussagen zu können, ob ein Tumor (Brust, Prostata oder Dickdarm) aggressiv wächst oder nicht. So kann der Arzt entscheiden, ob ein chirurgischer Eingriff genügt oder ob es zusätzlich eine Chemotherapie braucht.

Heutige Gentests unterstützen die Krankheitsdiagnose und die Therapie. Es ist aber durchaus möglich, dass in Zukunft auch Genchips vertrieben werden, mit denen sich genetische Risiken auch ohne konkreten Anlass untersuchen lassen. Der Test könnte so etwa feststellen, ob ein erhöhtes Risiko besteht, später im Leben an Alzheimer oder einem anderen neurodegenerativen Leiden zu erkranken. Die Anwendung solcher Chips könnte eher der Wissbegierde der Patienten oder einer Lebensversicherung entsprechen als medizinisch von Nutzen sein. Damit wären aber unmittelbar Gefahren der Diskriminierung verbunden. In vielen Ländern wird die Gesetzgebung bereits angepasst, um – ähnlich wie bei Aids-Tests – einer Diskriminierung vorzubeugen. Demgegenüber könnte aber ein Gentest zur Risikobeurteilung von Krankheiten, die sich durch Prävention vermeiden oder, rechtzeitig erkannt, heilen lassen, medizinisch sinnvoll sein. Die Kunst der Gesetzgebung wird darin bestehen, zwar die Diskriminierung, nicht aber die sinnvollen Anwendungen zu verhindern.

50. Sind genetische Informationen besondere Informationen? Welche Folgen kann ein Gentest haben?

Eigentlich sind genetische Informationen «nur» medizinische Informationen über eine Person. Dennoch haben sie eine Sonderstellung. Genetische Informationen

- behalten ihre Aussagekraft über längere Zeiträume (man lebt ein Leben lang mit seiner Veranlagung);
- haben eine Bedeutung über das getestete Individuum hinaus, so für seine Angehörigen;
- sind oft von grosser Bedeutung für die eigene Familienplanung (reproduktive Entscheidung) wie diejenige von Angehörigen (Eltern, Geschwister);
- stellen leicht Verbindungen zu Rasse und Ethnizität her und bergen damit das Potential sozialer Diskriminierung;
- können einen Vorwand für soziale Stigmatisierung und Ausgrenzung schaffen;
- können zu erheblicher psychischer Verunsicherung des Betroffenen führen.

51. Wie oft muss ein Gentest durchgeführt werden?

Grundsätzlich muss ein Gentest nur einmal durchgeführt werden. Es lohnt sich aber, vor allem wenn schwerwiegendere Konsequenzen aus dem Resultat abgeleitet werden, diesen an einer unabhängig entnommenen Blutprobe zu wiederholen. Wenn ein Test allerdings nicht das erwartete Resultat ergibt, so kann dies daran liegen, dass das Krankheitsgen bisher noch nicht entdeckt worden ist oder dass z.B. Steuerungselemente noch nicht analysiert wurden, weil man sie einfach noch nicht näher kennt.

Sehr viele ähnliche Krankheitsbilder können durch verschiedene Gene ausgelöst werden. Man spricht von genetischer Heterogenität (siehe auch Frage 44). Daher kann es sein, dass es sich lohnt, den Rest der Probe (meist Blut) aufzubewahren und diesen dann wieder zu testen, sobald die Forschung neue Erkenntnisse gewonnen hat. Auf diese Weise können diese Erkenntnisse direkt genutzt werden, ohne dass der Patient erneut zum Arzt muss. Ohne klare Einwilligung des Patienten dürfen der Arzt oder ein Labor eine Probe aber nicht aufbewahren und weiter verwenden.

52. Ist es möglich, dass Proben nicht nur für den gewünschten Gentest verwendet werden, sondern auch für andere?

Proben dürfen nur für die gewünschte Untersuchung (die abgesprochene Indikation) verwendet werden. Für jeden einzelnen Test bedarf es des ausdrücklichen Einverständnisses der getesteten Person. Es liegt also nicht im Ermessen des Arztes, welcher Test wann einmal gemacht werden soll, sondern einzig am Willen des Patienten.

53. Sind medizinische Gentests dieselben wie jene, die in der Gerichtsmedizin verwendet werden?

Nein, oder nur sehr begrenzt. Während es bei medizinischen Gentests darum geht, individuelle krankheitsverursachende Veränderungen des Erbguts zu erkennen, geht es in der Rechtsmedizin darum, eine verdächtigte Person als Täter zu bestätigen oder auszuschliessen bzw. eine strittige Vaterschaft abzuklären. Es werden dabei individuelle Varianten umschriebener DNS-Abschnitte (Micro- und Minisatelliten-DNS) untersucht, die keinen Rückschluss auf körperliche und psychische Eigenschaften eines Menschen zulassen.

54. Weshalb werden nicht alle Menschen auf alle möglichen genetischen Krankheiten getestet?

Reihenuntersuchungen (Screening) sind nur dann sinnvoll, wenn sie einfach und verlässlich durchgeführt werden können und aus dem Resultat für die Gesundheitspflege relevante Schlüsse mit realisierbaren Konsequenzen gezogen werden können. Auch müssen sie finanzierbar sein. Neugeborene werden auf verschiedene Stoffwechsel- und andere Erkrankungen nach der Geburt untersucht (vgl. Frage 40). Bei den meisten genetischen Erkrankungen sind diese Grundbedingungen nicht gegeben. Eine allgemeine Abklärung des genetischen «Make-ups» eines Menschen ist sinnlos. Monogenetische Krankheiten treten vorzugsweise nur innerhalb von Familien, Sippen oder bestimmten ethnischen Gruppen auf, weshalb es keinen Sinn macht, eine ganze Bevölkerung grundlos zu testen (siehe Frage 13).

55. Wie werden genetische Untersuchungen vorgenommen?

Eine genetische Untersuchung verläuft über mehrere Stufen.

a) Indikationsstellung
Zunächst sammelt der Arzt Informationen über den Zustand des Patienten und dessen Familie. Ein Familienstammbaum wird erstellt, klinische Untersuchungen (z.B. physische Untersuchung, Blutanalyse, Röntgen) werden vorgenommen. Hat der Arzt einen bestimmten Verdacht, welcher durch einen Gentest erhärtet werden kann, informiert er den Patienten über die Möglichkeit

dieser genetischen Abklärung, über die Vor- und Nachteile des Tests sowie die möglichen Konsequenzen eines normalen und eines pathologischen Resultates.

b) Entscheidungsfindung

Erst nach gründlichem Überlegen sollte der Patient seine Entscheidung für oder gegen den Test fällen. Das schriftlich eingeholte Einverständnis («informed consent») setzt voraus, dass der Patient ausreichend über den Test und die Folgen informiert ist und die Entscheidung freiwillig fällt. Gleichzeitig ist es wichtig, im Voraus zu vereinbaren, in welcher Form und in welchem Rahmen das Testresultat vermittelt werden soll: in einer vereinbarten weiteren genetischen Beratungssession, schriftlich, telefonisch oder über den zuweisenden Fach- oder Hausarzt.

c) Probenentnahme

Für eine Untersuchung wird in der Regel eine Blutprobe der zu untersuchenden Person benötigt. Dafür wird ein Röhrchen mit 10 ml Blut gefüllt und dieses ungerinnbar gemacht.

d) Labor

Diese Probe wird in einem mit der Analyse des Gens erfahrenen Labor untersucht. Für manche seltenen Krankheiten können manchmal nur wenige spezialisierte Labors weltweit eine Untersuchung durchführen. Im Labor wird die Probe aufbereitet, das genetische Material, die DNS, die RNS oder das Eiweissprodukt isoliert und dann mit verschiedenen molekulargenetischen Verfahren getestet. Auch die Laboruntersuchung kann einige Tage oder gar Wochen beanspruchen.

e) Befund

Das Resultat wird eventuell zusammen mit einer Interpretation des Labors an den Arzt gesandt, der die Probe eingeschickt hat. Dieser muss den Laborbefund unter Berücksichtigung aller anderen medizinischen und genetischen Gegebenheiten interpretieren und dem Ratsuchenden vermitteln.

f) Beratung
Die angemessene einfühlsameVermittlung des Resultates sowie der Konsequenzen, die man daraus ableiten kann, sind Grundelemente einer guten genetischen Beratung.

56. Wozu braucht es eine genetische Beratung?

Ohne offensichtlichen Anlass, ohne eine klare Indikation, sollten keine genetischen Untersuchungen vorgenommen werden. Die daraus hervorgehenden Ergebnisse können weit reichende Folgen für den Patienten, aber auch seine Angehörigen haben! Der Patient muss eine folgenschwere Diagnose, wie diejenige der Chorea Huntington, für sich, eventuell auch für nahe stehende Angehörige akzeptieren können. Oder er muss mit dem Wissen leben, in Zukunft mit einem hohen Risiko an einem schweren Leiden zu erkranken. Bei einer pränatalen Untersuchung kann das Ergebnis die Entscheidung der Eltern für den Abbruch der Schwangerschaft bedeuten.

Es ist daher wichtig, dass ein Ratsuchender durch eine genetische Untersuchung nicht in eine Situation gerät, die er eigentlich gar nicht wollte oder die er nicht verkraften kann. Die genetische Beratung soll dem Betroffenen vielmehr dazu verhelfen, dass er

- weiss, um welche Krankheit es sich handelt, wie sie verläuft und welche Möglichkeiten der Vorbeugung und der Behandlung bestehen;
- die Bedeutung der erblichen Faktoren kennt und weiss, wie das Risiko für Kinder und Verwandte ist, ebenfalls daran zu erkranken;
- mit dem Risiko für künftige Kinder umgehen kann;

– eine Entscheidung treffen kann, die im Einklang mit dem Risiko, den familiären Zielen und den Wertvorstellungen sowie in Übereinstimmung mit dieser Entscheidung steht.

57. Wie verläuft eine genetische Beratung?

Die genetische Beratung umfasst den ganzen Zeitraum von der ersten Kontaktnahme mit der beratenden Fachperson bis zum abschliessenden Gespräch. Zu Beginn geht es darum herauszufinden, was die Ratsuchenden von der genetischen Beratung erwarten. Dann wird die Beraterin oder der Berater wichtige Fakten sammeln. Weshalb ist der Patient zur Beratung gekommen? Liegen bereits Anzeichen für eine Krankheit vor? Treten Krankheiten in der Familie gehäuft auf? In diesem Zusammenhang wird auch ein ausführlicher krankheitsbezogener Stammbaum erstellt (vgl. Fragen 62–64). Wenn der Patient von einem Arzt überwiesen wurde, hat dieser meist seinen Verdacht bereits mitgeteilt. Zusammen mit den Informationen aus dem Gespräch und der Stammbaumanalyse kann der genetische Berater nun seine genetische Verdachtsdiagnose stellen oder bestätigen. Um diese zu prüfen, bietet sich vielleicht ein Gentest oder eine Chromosomenuntersuchung an.

Der Arzt wird nun die genetischen Grundlagen der Erkrankung sowie die Risiken des wiederholten Auftretens einer Erkrankung mit dem Ratsuchenden besprechen. Ausserdem wird auf diagnostische Möglichkeiten und deren Verlässlichkeit ausführlich eingegangen. Die genetische Beratung hilft den Ratsuchenden, von Wissen gestützte Entscheidungen zu treffen, die mit ihren Vorstellungen von Familienplanung und ihren ethischen und religiösen Normen in Einklang stehen.

Zu jeder genetischen Beratung gehört eine schriftliche Zusammenfassung, eine abschliessende human-genetische Begutachtung: Die einzelne Situation wird gemäss dem aktuellen

Kenntnisstand der Forschung besprochen und bewertet, und mögliche Konsequenzen einer genetischen Abklärung werden diskutiert. Die genetische Beratung sollte dabei immer den Willen der Ratsuchenden respektieren; man spricht von «nichtdirektiver Beratung». Die Zusammenfassung dient dazu, Missverständnisse zu vermeiden, ermöglicht es später nochmals, den Inhalt der Beratung nachzulesen, gerade dann, wenn andere Ansichten vertreten werden, und dient vor allem auch dazu, weitere Ärzte, etwa den Hausarzt, zu informieren.

58. Wer führt eine genetische Beratung durch?

Eine genetische Beratung kann jeder Arzt durchführen, sei dies ein Hausarzt oder ein Spezialarzt. Für die pränatale und die präsymptomatische Diagnostik sollte allerdings ein erfahrener und anerkannter Spezialist beigezogen werden, denn das Wissen um genetische Erkrankungen und abzuleitende Konsequenzen ist sehr komplex. Es kann auch zweckmässig sein, wenn die Frauenärztin bzw. der Frauenarzt, der die Chorionzottenbiopsie oder Amniozentese durchführt, nicht selbst die Indikation dazu stellen muss. Daher findet eine umfassende genetische Beratung oft im Teamwork zwischen verschiedenen Ärzten statt. Das Gespräch unter und mit den Ärzten ist daher wichtig. Es erlaubt dem Patienten darüber hinaus, eine zweite oder eine dritte Meinung einzuholen.

59. Was zeichnet eine gute genetische Beratung aus?

- Der beratende Arzt nimmt sich genug Zeit, ist gut vorbereitet, informiert ausgewogen und bemüht sich um die Beantwortung der Fragen der Ratsuchenden.

- Er vermittelt die Informationen so einfühlsam und wahrheitsgetreu, so umfassend und so wissenschaftlich korrekt wie möglich.
- Er drängt nicht auf eine Entscheidung, sondern lässt dem Ratsuchenden genügend Zeit. Wenn nötig, wird das Gespräch zu einem weiteren Zeitpunkt fortgesetzt.
- Er akzeptiert die persönliche Haltung und Entscheidung des Ratsuchenden, ist aber auch bereit, auf Wunsch, seine persönliche Sicht mitzuteilen.
- Er teilt das Ergebnis des Gentests in einem persönlichen Gespräch mit und diskutiert die Konsequenzen.
- Die Beratung findet in einer angenehmen Umgebung statt.
- Zwischen Arzt und Patient entwickelt sich eine offene Kommunikation. Merken Arzt und Patient, dass sie nicht dieselbe «Wellenlänge» haben, kann der Arzt den Ratsuchenden ohne Weiteres an einen anderen Arzt verweisen. Der Patient kann dies aber auch selber verlangen.

Eine genetische Beratung kann mit einer Einzelperson oder mehreren Angehörigen einer Familie durchgeführt werden. Beides hat Vor- und Nachteile. Kinder sind vor einer dominierenden Meinung der Eltern zu schützen. Werden gleichzeitig mehrere Angehörige beraten, ist die Form der Mitteilung des Resultates klar zu regeln, um die Autonomie der einzelnen Person zu wahren.

60. Wie erkenne ich, ob mein Arzt auf Gentests spezialisiert ist?

Er sollte eine anerkannte Weiterbildung in medizinischer Genetik oder Humangenetik haben und einen entsprechenden Facharzttitel tragen.

Testen: Ja oder nein? –
Eine sehr persönliche Entscheidung

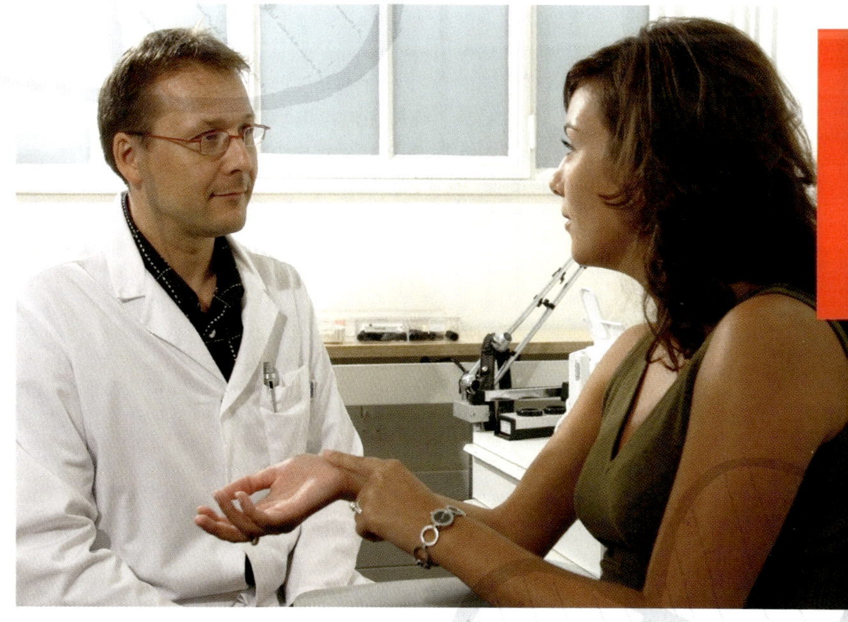

61. Spielt die Genetik bei mir eine Rolle?

Bei jedem Menschen spielt das Erbgut, also seine Veranlagung, eine grosse Rolle. Es ist für weite Teile der körperlichen Entwicklung und das normale Funktionieren des Körpers verantwortlich. Unser Erbgut besteht aus gegen 25 000 Genen. Wahrscheinlich trägt jeder Mensch ein erhöhtes Risiko für die eine oder die andere Krankheit in sich. Auf jeden Fall hat jeder einige krankheitsverursachende Gene im Erbgut. Diese wirken sich aber nicht aus, weil sie durch das normale Gen vom andern Elternteil kompensiert werden (siehe Frage 4).

62. In meiner Familie kommt eine Krankheit besonders häufig vor. Bedeutet dies, dass ich diese Krankheit auch bekommen werde?

Nein, das Risiko beträgt nie mehr als 50%, von einem Elternteil ein krankheitsverursachendes Gen zu erben. Die meisten Risiken sind deutlich niedriger. Sie können nach den Vererbungsregeln oder aufgrund der Beobachtung anderer Familien (empirisch) abgeleitet werden (siehe Frage 14).

63. Wie kann das genetische Risiko erfasst werden?

Im Rahmen einer genetischen Beratung wird das genetische Risiko aufgrund vielfältiger Hinweise ermittelt. Das Aufzeichnen des Familienstammbaums kann Erbgänge in der Familie offen legen. Auch das Aussehen einer Person oder ärztliche Untersuchungen wie Ultraschall und konventionelle Laboruntersuchungen, etwa Blutanalysen, können weitere Hinweise liefern. Je nach Krankheit oder Behinderung, nach der man fahndet, ist eine Chromosomenuntersuchung oder eine molekulargenetische

Abklärung (Gentests) informativ. All diese Informationen fliessen in die Abschätzung eines genetischen Risikos ein (siehe auch Fragen 55–57).

64. Wie zeichne ich meinen Familienstammbaum auf?

Die Familienanamnese ist ein einfaches und kostengünstiges Mittel, um einer Erbkrankheit oder einem genetischen Risiko auf die Spur zu kommen. Wenn gleichartige Erkrankungen bei Verwandten vorliegen, so sind deren Symptome bei der Beurteilung der Erkrankung praktisch gleichrangig mit denen des Ratsuchenden selbst. Die Ergebnisse einer Familienanamnese lassen sich übersichtlich in einem Stammbaum aufzeichnen, den jede Ärztin oder jeder Arzt leicht interpretieren kann. Eine einfache Zeichnung sagt oft mehr aus als viele Worte (Abb. 9, 10).

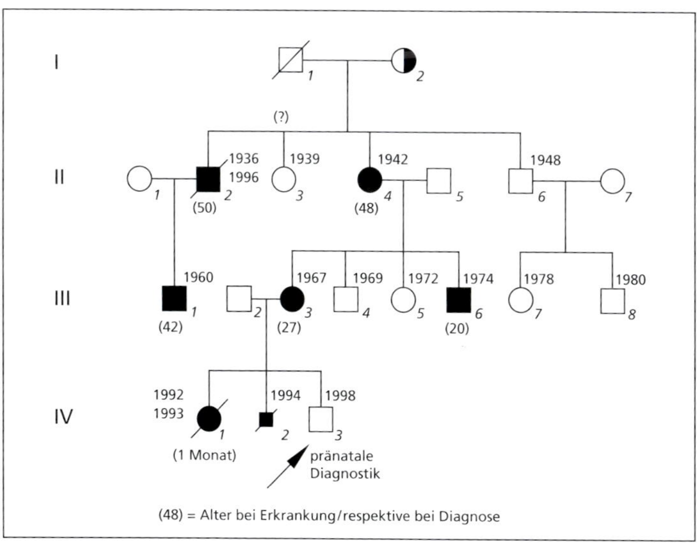

Abbildung 9: Stammbaum einer Familie mit der Muskelkrankheit myotone Dystrophie (autosomal-dominant vererbte Krankheit mit Antizipation).

Stammbaumsymbole

Mann		Frau
		Merkmals- oder Krankheitsträger
		klinisch gesunde heterozygote Genträger
		gesunde Konduktorin einer X-gonosomal rezessiv vererbten Krankheit
		Symbol mit Balken: persönlich untersuchte Person
		Proband (Indexpatient)
		Abort: unbekannten, männlichen oder weiblichen Geschlechts
		Totgeburt
		Geschlecht unbekannt
		verstorben
1921 1993	40 J.	Geburts- und Sterbejahr, bzw. Alter
		Ehepaar
		Verwandtenehe
		illegitime Verbindung
		keine Nachkommen, Sterilität, Sterilisierung
		Halbgeschwister (Kurzdarstellung)
1 2 3 4		Geschwister
5 3 2		zusammenfassende Angabe der Zahl von Geschwistern unbekannten, männlichen und weiblichen Geschlechts
3		Geschwisterreihe unbekannt
		eineiige (monozygote) Zwillinge
		zweieiige (dizygote) Zwillinge
?		Zygotie unbekannt

Abbildung 10: Symbole, die für das Aufzeichnen von Stammbäumen verwendet werden.

Beim Erstellen eines Stammbaumes geht man von der Person aus, die zur Abklärung Anlass gibt. Sie wird als Proband oder Indexpatient bezeichnet und durch einen Pfeil markiert (männliche Personen charakterisiert man durch ein Rechteck, weibliche durch einen Kreis). Nun werden nacheinander die Eltern, die Geschwister und die Kinder (Verwandte 1. Grades) erfasst und dann der Stammbaum über Grosseltern, Onkel und Tanten mütterlicher- und väterlicherseits sowie deren Familien erweitert. Die Generationen werden in zeitlicher Reihenfolge mit römischen Zahlen nummeriert, wobei die älteste erfasste Generation an erster Stelle steht. Innerhalb einer Generation bezeichnet man die Individuen von links nach rechts mit arabischen Zahlen, so dass schliesslich jede Person ihre eigene Kennziffer trägt. Im Stammbaum oder in einer Legende dazu sind folgende Angaben festzuhalten: Geburtsdatum oder Geburtsjahr, Datum der letzten Beobachtung bzw. Todesjahr, im Falle von Krankheit zusätzlich deren Diagnose, Alter bei Diagnose, behandelnder Arzt/Ort eines Spitalaufenthalts. Lückenhafte oder nicht eindeutige Informationen sind deutlich als solche zu kennzeichnen.

Jeder Ratsuchende sollte idealerweise über den eigenen Stammbaum verfügen, wenn er zum Arzt geht oder das Spital aufsucht. Zeichnen Sie daher Ihren eigenen Stammbaum. Dabei tragen Sie für jeden Verwandten ein, woran dieser erkrankt ist. Im Feld darunter notieren Sie das Alter, das jener Verwandte hatte, als die Krankheit festgestellt wurde. Im letzten Feld kommt sein oder ihr Geburtsjahr zu stehen. Achten Sie darauf, dass Sie Angaben zu allen nahen Verwandten, auch gesunden, machen, soweit Sie dies können, und nicht nur zu jenen, die an einer schweren Erkrankung litten.

65. Was bedeutet es, wenn ich ein «erhöhtes genetisches Risiko» habe?

Wer zu einer genetischen Beratung kommt, will oft erfahren, wie hoch das Risiko ist, dass sich eine Erbkrankheit bei ihm oder seinen Kindern wiederholt. Aufgrund dieses Risikos können dann Entscheidungen über medizinische Massnahmen, z.B. vorbeugende Untersuchungen, oder solche im Hinblick auf eine Familienplanung getroffen werden.

Das genetische Risiko kann in zwei Situationen von besonderer Bedeutung sein:

- ein Jugendlicher oder ein Erwachsener möchte etwas über die eigene Veranlagung erfahren;
- eine schwangere Frau oder ein Paar mit Kinderwunsch möchte das Risiko für ihr Kind abklären.

In beiden Situationen sind die Konsequenzen unterschiedlich. Während im zweiten Fall ein Schwangerschaftsunterbruch in Betracht kommt, werden im ersten Fall die Betroffenen mit diesem Risiko leben müssen.

Risiko bedeutet, dass ein bestimmtes Ereignis mit einer gewissen Wahrscheinlichkeit eintritt. Ingenieure berechnen das Risiko, indem sie das Schadensausmass eines Ereignisses mit der Wahrscheinlichkeit, dass dieses eintritt, multiplizieren. Die Wahrscheinlichkeit, dass jemand farbenblind zur Welt kommt, mag vielleicht gross sein, der Schaden ist jedoch begrenzt. Acht von 100 Männern, aber nur etwa 1 von 200 Frauen können gewisse Farben nicht erkennen. Trotzdem finden sie sich in ihrer weniger bunten Welt gut zurecht. Das Risiko kann also als gering bezeichnet werden. Andererseits kann das Risiko einer schweren Krankheit, die seltener vorkommt, höher sein.

Man muss sich auch bewusst sein, dass die Wahrscheinlichkeit zu erkranken direkt mit der Wahrscheinlichkeit, gesund zu bleiben, verbunden ist. Das Risiko eines Kindes, mit 10-prozentiger Wahrscheinlichkeit an einer Muskelkrankheit zu leiden, ist gleichzeitig die 90-prozentige Wahrscheinlichkeit, *nicht* von dieser Krankheit betroffen zu sein. Oder an einem Beispiel erklärt: die Wahrscheinlichkeit einer Chromosomenstörung für eine Schwangerschaft einer 35-jährigen Frau beträgt etwa 0,8%. Wenn in einem Raum 1000 werdende Mütter im Alter von 35 Jahren sind, so werden 8 der 1000 Kinder mit einer Chromosomenstörung auf die Welt kommen. Man kann es den Frauen nicht ansehen, welche Kinder betroffen sein werden. 992 Kinder werden aber ohne Chromosomenstörung geboren.

Etwas anderes ist auch wichtig: Beträgt die Wahrscheinlichkeit 25%, so bedeutet dies, dass durchschnittlich jedes vierte Kind betroffen ist. Es bedeutet aber nicht, dass wenn 3 gesunde Kinder zur Welt gekommen sind, das nächste sicher betroffen ist. Die Wahrscheinlichkeit ist bei jedem einzelnen Erbgang, bei jeder Schwangerschaft genau gleich, nämlich 25%. Also können auch 10 nicht betroffene Kinder nacheinander zur Welt kommen. Andererseits bedeutet die Tatsache, dass 2 Kinder mit einer Veranlagung zur Welt gekommen sind, nicht, dass nun das folgende nicht betroffen sein wird.

Und noch etwas: Zahlen sind oft mit einer Unsicherheit behaftet, und die Lehrbücher nennen z.T. leicht unterschiedliche Zahlen. Wenn die Wahrscheinlichkeit einer Vererbung der Anlage zwischen 3 und 5% angegeben wird, so mag dies ein kleiner Unterschied sein, im Einzelfall kann er aber anders empfunden werden. Zudem sind Zahlen (ausgedruckt, als Dezimalbrüche, Prozente, Verhältnisse) leicht Schall und Rauch, wenn Gefühle im Spiel sind. Wenn in Ihrer Familie bereits nahe Verwandte an Darm- oder Brustkrebs gestorben sind, wenn Sie ihr Leiden miterlebt haben, scheint das Risiko grösser, als wenn Sie eine Krankheit nur vom Hörensagen kennen.

Eine Risikozahl wird in verschiedenen Lebensphasen sehr unterschiedlich wahrgenommen. So kann sich z.B. die Wahrnehmung eines Risikos für Brustkrebs schlagartig ändern, wenn eben eine Schwester neu daran erkrankt ist, oder die Angst vor einer Stoffwechselkrankheit, an der ein Cousin litt, kann plötzlich zunehmen, wenn eine Heirat bevorsteht.

In der Familienplanung wird ein Risiko bis zu 5% für die Geburt eines behinderten Kindes als eher gering, ein solches bis zu 10% als mässig beurteilt.

66. Welche Krankheiten sind mit den grössten Risiken verbunden?

Die grössten Risiken sind mit schweren Krankheiten verbunden, die autosomal-dominant vererbt werden (vgl. Frage 14). Chorea Huntington beispielsweise wird mit einer Wahrscheinlichkeit von 50% auf die Nachkommen übertragen, wenn nur ein Partner Träger eines eindeutig krankheitsauslösenden Gens ist. Die Hälfte der Nachkommen wird im Durchschnitt um das 40. Lebensjahr mit grosser Wahrscheinlichkeit an diesem Leiden erkranken.

67. Wohin kann ich mich wenden, wenn ich den Verdacht auf eine genetisch bedingte Krankheit habe?

Nehmen Sie Kontakt mit dem Arzt Ihres Vertrauens auf. Dies kann Ihr Hausarzt (allgemeine Medizin) sein, Ihr Gynäkologe oder ein anderer Facharzt (z.B. Internist). Dieser wird erste Abklärungen im Rahmen einer genetischen Beratung durchführen. Falls nötig, wird er Kontakt mit einem medizinischen Genetiker oder anderen Fachleuten aufnehmen. Da es sich bei genetischen

Erkrankungen oft um komplexe Vorgänge mit mehreren Therapie- oder Präventionsmöglichkeiten handelt, ist die Zusammenarbeit zwischen verschiedenen Ärzten oft angezeigt, wenn nicht notwendig.

68. Welche Fragen kann ich dem Arzt/der Ärztin stellen?

Bereiten Sie sich auf den Besuch beim Arzt oder der Ärztin vor. Notieren Sie alle Fragen, die Sie im Zusammenhang mit der Krankheit haben, und zeichnen Sie Ihren Stammbaum auf (Frage 64). Die Fragen an den Arzt können die Krankheit, die Behandlung, die Vorbeugung oder psychische und gesellschaftliche Folgen betreffen. Im Folgenden finden Sie eine Auswahl möglicher Fragen:

- Welches sind die ersten Krankheitszeichen? Wie verläuft die Krankheit? Gibt es allfällige weitere Folgen, die durch die genetische Krankheit ausgelöst werden?
- Welches sind die Möglichkeiten der Behandlung? Wie sind die Erfolgsaussichten der Behandlung? Wie lange dauert sie? Welches sind allfällige negative Begleiterscheinungen der Behandlung?
- Gibt es Möglichkeiten der Vorbeugung? Wie sehen diese aus? Müssen Vorsorgeuntersuchungen gemacht werden?
- Kann die Krankheit auf Kinder übertragen werden? Wenn ja, mit welcher Wahrscheinlichkeit? Was wären die Folgen für betroffene Kinder? Wann sollen sie abgeklärt werden? Kommt eine pränatale Diagnose in Frage?
- Welche psychischen Reaktionen haben Menschen, die von dieser Krankheit betroffen sind? Wie kann ich mich auf einen allfälligen positiven Befund vorbereiten? Soll ich meine Familie, meinen Partner einweihen?

- Was sind mögliche Folgen für meine Lebensplanung? Ist meine Freizeit beeinträchtigt? Ist meine Arbeit beeinträchtigt? Müsste ich meinen Arbeitgeber informieren?
- Besteht die Gefahr, dass ich aufgrund meiner Veranlagung diskriminiert würde? In der Familie, im Freundeskreis, bei der Arbeit, bei der Aufnahme von Geldkrediten?
- Gibt es rechtliche Aspekte, die ich berücksichtigen müsste, wie bezüglich Lebensversicherungen, der Vorsorge oder eines Testamentes?
- Übernimmt die Krankenversicherung die Kosten für Beratung, Untersuchung und Test?

Ihre Ärztin oder Ihr Arzt sollte sich genügend Zeit nehmen, um alle Ihre Fragen zu beantworten. In der persönlichen Beratung können Sie auf Ihr Erlebnis und Ihre Situation zugeschnittene Fragen stellen, Unsicherheiten ausräumen, Ängste und belastende Gefühle ansprechen. Wenn Sie ausreichend informiert sind, lässt dies die für Sie richtige Entscheidung leichter treffen. Ein positiver Gentest hat vielfältige persönliche, medizinische, rechtliche und gesellschaftliche Konsequenzen. Eine individuelle Beratung braucht Zeit und gegenseitiges Vertrauen. Lassen Sie sich nicht unter Druck setzen und setzen Sie sich auch nicht selbst unter Druck. Wenn Sie nach einem ersten Gespräch noch Fragen haben und sich noch nicht sicher genug fühlen für eine Entscheidung, vereinbaren Sie einen weiteren Termin. Wechseln Sie die Ärztin oder den Arzt, wenn Sie kein Vertrauen in sie oder ihn haben.

69. Darf eine Untersuchung ohne meine Einwilligung durchgeführt werden?

Nein, dies darf auf keinen Fall geschehen. Ein Gentest ist wie alle medizinischen Untersuchungen Privatsache. Die Autonomie des Patienten muss gewahrt bleiben. Es ist Ihre freie Entscheidung, ob Sie einen Test machen lassen oder nicht. Niemand darf einen Test ohne Ihr Wissen, sozusagen heimlich, durchführen. Es darf Sie auch niemand dazu zwingen. Es ist Ihr Recht, einen Test zu verweigern. Ärzte, Ärztinnen, Spitäler und Labors dürfen nur dann einen Test bei Ihnen vornehmen, wenn Sie davon wissen und Sie ausdrücklich damit einverstanden sind.

70. Was bedeutet meine Einwilligung («informed consent») für eine genetische Untersuchung?

Es bedeutet, dass Sie ausreichend über die Vor- und Nachteile der Untersuchung informiert wurden, dass Sie sich der möglichen Konsequenzen bewusst sind und dass Sie verstehen, was die Möglichkeiten und Grenzen des Tests sind. Dazu gehört auch, dass Sie aufgrund dieser Informationen eine Einwilligung für die Untersuchung gegeben haben. Diese ist aber jederzeit widerrufbar. Wenn Sie es sich anders überlegen und den Test nun doch nicht durchführen wollen, können Sie dies ohne Weiteres tun. Bei manchen Untersuchungen müssen Sie eine entsprechende, schriftliche Einwilligungserklärung unterschreiben.

71. Muss ich das Resultat der Untersuchung erfahren?

Wenn Sie untersucht worden sind, haben Sie das Recht, das Resultat zu erfahren. Der Arzt oder die Ärztin darf es Ihnen nicht verheimlichen. Andererseits haben Sie aber das Recht, das Ergebnis nicht zur Kenntnis zu nehmen. Wenn Sie also auch nach der Probeentnahme das Resultat lieber nicht wissen möchten, können Sie dies Ihrem Arzt mitteilen. Dies kann z.B. im Rahmen einer pränatalen Diagnostik der Fall sein, selbst wenn

Sie zuvor einer Chorionzottenbiopsie oder einer Amniozentese zugestimmt hatten.

72. Wann machen genetische Untersuchungen Sinn und wann nicht?

Genetische Untersuchungen dienen dazu, einen Verdacht abzuklären, sei dies nun, weil Zeichen einer Krankheit bereits aufgetreten sind oder eine solche Krankheit in einer Familie häufig vorkommt. Ein Gentest macht aber aus medizinischen Gründen nur Sinn, wenn die Möglichkeit besteht, auf das etwaige Resultat zu reagieren. Ein Test macht also medizinisch Sinn,

- wenn dadurch die richtige Therapie gewählt werden kann oder
- wenn eine Vorsorgemassnahme (Prävention) zur Verfügung steht, die den Ausbruch verhindern oder eine rechtzeitige Behandlung ermöglichen kann.

Neben diesen medizinischen Begründungen gibt es auch persönliche und psychologische Gründe für einen Test. Oft ist es einfacher, mit einem ungünstigen Resultat zu leben, als mit der nagenden Ungewissheit. Die Erbkrankheit Chorea Huntington beispielsweise kann heute weder geheilt werden, noch kann man ihr wirksam vorbeugen. Sie bricht in der Regel um das 40. Lebensjahr aus, führt dann aber nach einem schweren Leiden innert weniger Jahre zum Tod. Dennoch wünschen Personen aus Familien mit dieser Krankheit immer wieder Gentests. Sie machen die Antwort auf die Frage, ob sie Kinder haben wollen, von der eigenen Veranlagung abhängig. Oder sie möchten wissen, ob sie eine normale Lebenserwartung haben oder an dieser Krankheit sterben werden, um ihr Leben besser planen zu können. Obwohl man, wie gesagt, kaum etwas gegen Chorea Huntington ausrichten kann, entscheidet sich etwa die Hälfte aller Menschen aus betroffenen Familien für einen Test.

73. In welchen Situationen könnten genetische Untersuchungen nachteilig sein?

Wenn Sie befürchten, dass Sie das Resultat zu stark belastet. Das Ergebnis von genetischen Untersuchungen kann aber auch Nachteile für den Abschluss einer Versicherungspolice (Krankenversicherung, Lebensversicherung), eines Kreditvertrages (Bankkredit, Hypothekarkredit) oder am Arbeitsplatz haben.

74. Welche psychischen Reaktionen können genetische Ergebnisse bei den Untersuchten und ihren Angehörigen auslösen?

Ist der Ausgang der genetischen Untersuchung negativ, hat sich die Vermutung einer Veranlagung oder Erbkrankheit also nicht bestätigt, so kann sich eine grosse Erleichterung ausbreiten, aber auch Schuldgefühle gegenüber betroffenen Geschwistern entwickeln. Genetische Untersuchungen können einen dann in schwere psychische Nöte stürzen, vor allem wenn die Prognose einer festgestellten Veranlagung schwerwiegend ist. Ein Test kann in diesen Fällen bedeuten, dass man an einem unheilbaren Leiden erkrankt ist, dass man mit hoher Wahrscheinlichkeit erkranken wird oder dass ein Kind davon betroffen ist. Manchmal sind Betroffene geschockt, sie wollen das Ergebnis nicht wahr haben und ziehen sich zurück. Manche Betroffene kommen auch über längere Zeit mit dem Resultat nicht zurecht. Sie verfallen in Selbstmitleid, und oft ist in der Folge das Verhältnis unter den Familienmitgliedern gestört.

Dabei sind meist Schuldgefühle im Spiel, insbesondere wenn die Betroffenen Eltern oder Grosseltern sind: «Bin ich schuld an der Erkrankung meines Kindes? Hat vielleicht mein Lebenswandel zu einer Mutation geführt, unter der nun mein Enkelkind leiden muss?» Aber auch: «Ich bin schuld, dass wir keine Kinder haben können. Ich werde meinem Partner zur Last fallen.» Es kann auch vorkommen, dass ein Familienmitglied Schuldgefühle hat, weil es nicht betroffen ist: «Mein Bruder hat die Krankheit, weil ich verschont wurde.» Zudem stellt ein Testresultat die Betroffenen manchmal vor schwierige Entscheidungen: Sollen wir die Schwangerschaft abbrechen, oder können wir unserem Kind und uns selbst diese Krankheit zumuten? Die psychischen Folgen einer genetischen Untersuchung können sowohl für die Betroffenen wie auch für deren Angehörige drastisch sein.

75. Besteht die Gefahr, bei einem Gentest etwas herauszufinden, was ich gar nicht wissen wollte?

In der Regel besteht die Gefahr nur begrenzt, weil ein Gentest ganz spezifische Fragen zu klären versucht und man Sie vor der Durchführung des Tests ausreichend beraten haben sollte. Durch die moderne Genetik werden aber neue Beziehungen zwischen Krankheiten deutlich; ein Gen kann in verschiedenen Krankheitsprozessen eine Rolle spielen. So ist das Gen für den Fettstoffwechsel *ApoE* nicht nur mitbestimmend für den Stoffwechselhaushalt, sondern trägt auch zum Risiko für eine Alzheimer-Erkrankung bei. In der Folge einer Untersuchung zum Fettstoffwechsel könnten sich auch erhöhte Risiken für Alzheimer zeigen, obwohl danach nicht gesucht wurde.

Gesetzliche Regeln für genetische Untersuchungen

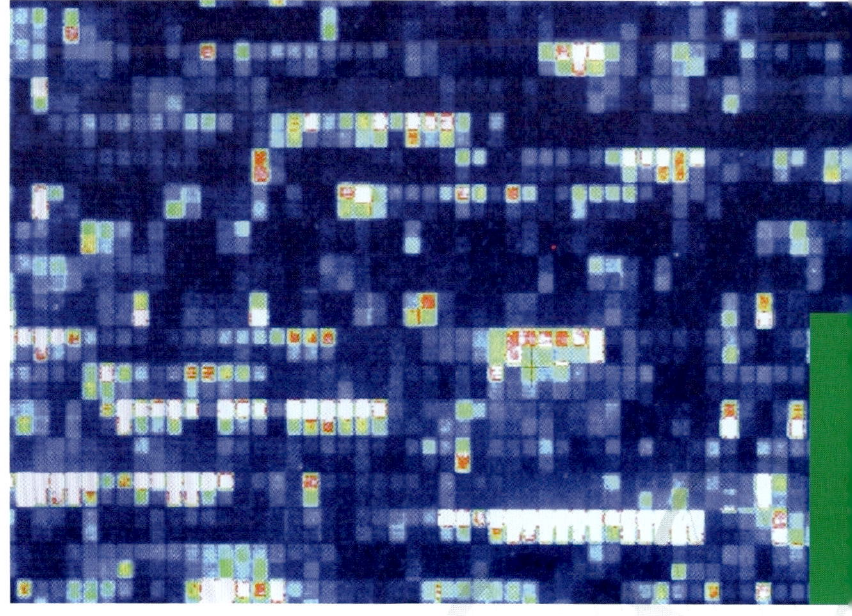

76. Besteht die Gefahr des Missbrauchs genetischer Daten?

Ja, diese Gefahr besteht. Denn genetische Informationen sind Fakten, die ein Leben lang für einen Menschen gelten. Sie können den Weg bahnen zu Diskriminierungen, etwa zur systematischen Ausmerzung von Feten mit genetischen Störungen nach einer vorgeburtlichen Untersuchung. Dass diese Gefahr nicht unbegründet ist, zeigt die Tatsache, dass in manchen Ländern die vorgeburtliche Untersuchung zur Bestimmung des Geschlechts eines werdenden Kindes häufig vorkommt. Wenn es sich um ein Mädchen handelt, wird oft ein Schwangerschaftsabbruch eingeleitet.

Auch Versicherungen könnten versucht sein, eher Personen mit «gesunden» Genen zu versichern. Und Arbeitgeber könnten in Betracht ziehen, ihre Arbeitnehmer nicht nur nach ihren Fähigkeiten, sondern auch aufgrund ihrer Gene auszusuchen. Solche Praktiken können Trägerinnen und Träger «schlechter» Gene ausgrenzen.

77. Welche Gesetze und Richtlinien gibt es zur Regelung genetischer Untersuchungen?

In Europa haben nur Norwegen und Österreich einen allgemeinen Erlass über genetische Untersuchungen. Einige Länder wie Deutschland regeln einzelne Bereiche. Wiederum andere, so auch die Schweiz, führen ein Gesetz zu genetischen Untersuchungen ein. Aber auch wenn keine speziellen Gesetze vorliegen, ist meist ein rechtlich verbindlicher Rahmen gegeben. Auf internationaler Ebene ist das Diskriminierungsverbot in der Europäischen Menschenrechtskonvention verankert. Der Datenschutz ist in den meisten Ländern verbindlich geregelt und gilt daher auch für medizinische und genetische Daten. Die Schweigepflicht von Medizinalpersonen sowie Zulassung und Umgang mit medizinisch-diagnostischen Tests sind ebenfalls in Gesetzen, Normen und Erlassen geregelt.

78. Wer darf genetische Untersuchungen durchführen?

Da ein Gentest schwere Folgen für eine betroffene Person haben kann und oft schwierig in der Handhabung ist, darf nicht jeder einfach so einen Test durchführen. Es braucht dazu eine Bewilligung der Behörden. Labors, die eine solche Bewilligung haben, müssen hohen Qualitätsanforderungen genügen und unterstehen einer Aufsicht der Behörden. Es ist daher auch dringend abzuraten, einen Test zu beanspruchen, den eine Firma über Internet vermarktet. Solche Angebote sind häufig unseriös und zudem meist noch mit keiner ausreichenden Beratung verbunden.

79. Darf ein Arzt das Testresultat anderen Personen mitteilen, etwa dem Vertrauensarzt der Versicherung?

Die ärztliche Schweigepflicht gilt auch bei Gentests. Ärztliches, beratendes und medizinisches Pflegepersonal darf andere Personen nicht über den Test und das Testresultat informieren. Wenn die Krankenkasse den Test bezahlt, wird sie durch die Rechnung darüber unterrichtet, dass ein Test durchgeführt wurde. Das Resultat erfährt die Krankenkasse nicht, es ist aber in Ihrer Krankengeschichte festgehalten. Falls Sie den Test bei Ihrer Ärztin oder Ihrem Arzt anonym durchführen lassen wollen, müssen Sie dies klar vereinbaren. Das Resultat wird auch in diesem Fall in der Krankengeschichte festgehalten, ausser Sie wünschen ausdrücklich keine Erwähnung in den Unterlagen.

80. Muss ich meinen Partner oder meine Familie über das Testresultat informieren?

Es gibt keine Pflicht, den Partner oder die Familie zu informieren, da Sie in der Regel diese nicht gefährden. Es ist aber von Vorteil, nahe stehende Personen einzuweihen, weil diese meist grosses Verständnis aufbringen und grosse Unterstützung leisten wollen oder das Ergebnis auch für sie bedeutungsvoll sein könnte. Die Verpflichtung zu warnen gewinnt in der rechtlichen Diskussion an Interesse.

81. Muss ich der Versicherung oder dem Arbeitgeber mitteilen, wenn eine genetische Krankheit diagnostiziert wurde?

Nein, das müssen Sie nicht. Wenn das Testresultat aber eine Krankheit bestätigt, mit der Sie andere Menschen am Arbeitsplatz gefährden, beispielsweise als Pilot oder Busfahrer, sollten Sie dies dem Arbeitgeber mitteilen. Ebenso müssen Sie beim Abschluss einer Lebensversicherung oder einer privaten Krankenversicherung, die über die Grundversicherung hinausgeht, das Testresultat offen legen, falls Sie danach gefragt werden. Wenn Sie die Veranlagung zu einer Krankheit haben und später daran erkranken, kann die Versicherung ihre Leistungen einschränken, wenn sie nachweisen kann, dass Sie vor dem Vertragsabschluss bereits von dieser Veranlagung gewusst haben.

82. Was kosten genetische Untersuchungen?

Kosten fallen einerseits durch die Beratung, andererseits durch die Tests selbst an. Die Tests kosten je nach Art zwischen einigen hundert bis zu über 1000 Euro.

83. Wer übernimmt die Kosten für genetische Untersuchungen?

Die Kosten für eine genetische Beratung werden in der Regel von den Krankenkassen bzw. von der Krankenversicherung übernommen, die Kosten für notwendige genetische Untersuchungen in aller Regel ebenfalls. Im Einzelfall sollte eine spezielle Untersuchung erst nach Rücksprache mit der zuständigen Krankenkasse erfolgen (z.B. wenn diese nur im Ausland möglich ist).

Anhang

Glossar

Allele: Verschiedene, durch Mutationen entstandene Varianten eines Gens oder auch einer DNS-Sequenz. Während es in der Bevölkerung viele hundert unterschiedliche Allele eines Gens geben kann, hat jeder einzelne Mensch höchstens 2 verschiedene Allele an einem Genort (je eins von der Mutter und vom Vater geerbt).

Alpha-Fetoprotein (AFP): Ein Eiweiss, das vom Fetus stammt. Es gelangt ins Fruchtwasser und in den Blutkreislauf der Schwangeren und kann Hinweise auf Fehlbildungen und Chromosomenstörungen beim Kind geben.

Amniozentese: Entnahme von Fruchtwasser aus der Gebärmutterhöhle der schwangeren Frau.

Antizipation: Früheres Auftreten und/oder zunehmender Schweregrad einer Erbkrankheit bei nachfolgenden Generationen.

Autosomen: Alle Chromosomen mit Ausnahme der Geschlechtschromosomen.

Basisrisiko: Die durchschnittliche Wahrscheinlichkeit in einer Bevölkerung für das Auftreten bestimmter Erkrankungen und Fehlbildungen beim Neugeborenen.

Chorionzottenbiopsie: Entnahme einer Gewebeprobe aus dem kindlichen Teil des Mutterkuchens, der Plazenta.

Chromosomen: Strukturen innerhalb des Zellkerns, welche die Erbanlagen tragen. Man unterscheidet Autosomen und Geschlechtschromosomen (Gonosomen).

Diploid: Aus zwei Sätzen von Erbanlagen bestehend (väterlich und mütterlich ererbt).

DNS/DNA: Desoxyribonukleinsäure/«deoxyribonucleic acid», der Stoff, aus dem die Gene sind. Seine Grundbausteine sind die Nukleotide. Ihre Reihenfolge stellt den genetischen Code dar. Er bestimmt, wie die vom Körper produzierten Eiweisse (Proteine) zusammengesetzt sind.

DNS/DNA-Sonde: Ein Abschnitt natürlicher oder künstlich hergestellter DNS, die z.B. mit fluoreszierenden Substanzen beladen ist. Sie dient dazu, Genabschnitte oder Chromosomenbereiche einer Testperson sichtbar zu machen.

Dominant: Fähigkeit eines Allels, sich auch im heterozygoten, mischerbigen Zustand auszuprägen.

Enyzm: Protein, das als biologischer Katalysator wirkt und eine bestimmte chemische Reaktion beschleunigt.

Eugenik: Auswahl von Menschen mit bestimmten Eigenschaften.

Fluoreszenz-in-situ-Hybridisierung (FISH): Technik zur Sichtbarmachung von Chromosomen oder Chromosomenabschnitten mit Hilfe von DNS-Sonden, die mit fluoreszierenden Farbstoffen markiert wurden.

Gen: Erbanlage. Gene bestehen aus DNS. Sie enthalten Informationen für die Herstellung von Eiweissen und sind auf den Chromosomen aufgereiht.

Genetische Prädisposition: Genetisch bedingte Neigung einer Person, ein bestimmtes Merkmal oder eine Krankheit zu entwickeln.

Genom: Die Gesamtheit aller Erbanlangen.

Hybridisierung: Aneinanderlegen von DNS- oder RNS-Einzelsträngen, die zueinander komplementär sind.

Monogen: Durch ein einzelnes Gen bedingt.

Multifaktoriell: Durch das Zusammenwirken von Erbgut und Umwelteinflüssen verursacht.

Mutation: Von aussen herbeigeführte oder spontan auftretende Erbgutveränderung auf der Ebene eines einzelnen Gens (Genmutation) oder eines einzelnen Chromosoms (Chromosomenmutation).

Phänotyp: Erscheinungsbild oder Eigenschaft eines Individuums, das durch den Genotyp und/oder Umweltfaktoren bestimmt wird.

Polygen: Durch mehrere Gene bedingt.

Präimplantationsdiagnostik: Genetische Untersuchung der Zellen eines Embryos vor dem Stadium der Einnistung in die Gebärmutter. Die Methode wird im Rahmen der künstlichen Befruchtung eingesetzt.

Pränatal: Vorgeburtlich.

Rezessiv: Allele verhalten sich rezessiv, wenn sie sich nur im reinerbigen, homozygoten Zustand ausprägen.

RNS/RNA: Ribonukleinsäure/«ribonucleic acid», DNS-ähnliches einsträngiges Molekül, das von der DNS abgelesen wird und das in der Zelle die Information zur Bildung von Proteinen weitervermittelt.

Trisomie: Zustand, bei dem statt der 2 homologen Chromosomen 3 vorhanden sind.

Zytogenetik: Wissenschaft und Technik der Chromosomenanalyse.

Erwähnte Krankheiten

Angegeben sind jeweils die Seitenzahlen

Webseiten mit weiterführenden Informationen und Kontakten

Im Internet finden sich unzählige Informationen zu einzelnen genetisch bedingten Krankheiten und zu Gentests. Allerdings lässt sich oft schwer abschätzen, wie zuverlässig diese Information ist. Die hier aufgeführten Webseiten gelten international als zuverlässig und qualitativ hoch stehend.

Allgemeines zur Genetik

National Institute of Health, USA
Wichtige Informationen über praktisch alle Aspekte der Genetik auf Englisch:
www.nhgri.nih.gov

Angaben zu Krankheiten und genetischen Tests

OMIM
Datenbank über menschliche Gene, deren bekannte Mutationen und ihre klinischen Auswirkungen. Fortsetzung der von Victor McKusick begründeten genetischen Datensammlung «Mendelian Inheritance of Man» (auf Englisch):
www.ncbi.nlm.nih.gov/omim

GeneTests/GeneClinics
GeneTests enthält Angaben über Laboratorien, die molekulargenetische Tests für bestimme Krankheitsveranlagungen anbieten, entweder routinemässig oder im Rahmen von Forschungsprojekten. GeneClinics enthält Artikel über spezifische, genetisch bedingte Erkrankungen. Seit 2003 befinden sich beide Datenbanken auf dem selben Portal:
www.genetests.org, www.geneclinics.org

Orphanet
Enthält Informationen über seltene Krankheiten, die sowohl genetischer als auch nicht genetischer Art sind:
www.orpha.net

Medgen
Listen von Labors und Erkrankungen in Deutschland, Österreich und der Schweiz:
www.medgen.de

European Directory of DNA Laboratories
DNS-Labors und ihre Angebote in europäischen Ländern, auch ausserhalb des deutschsprachigen Raums:
www.eddnal.com

Medizinische Gesellschaften

Schweizerische Gesellschaft für Medizinische Genetik
Mit Informationen über Institutionen der medizinischen Genetik in der Schweiz:
www.sgmg.ch

Deutsche Gesellschaft für Humangenetik
Informationen zur Humangenetik in Deutschland, inklusive Beratungsstellen und Selbsthilfeorganisationen:
www.gfhev.de

Österreichische Gesellschaft für Humangenetik
Informationen über die Humangenetik in Österreich
www.oegh.at

Europäische Gesellschaft für Humangenetik
Hintergrundtexte und Empfehlungen zu genetischen Untersuchungen und medizinisch-genetischer Krankenversorgung:
www.eshg.org

Selbsthilfeorganisationen

NAKOS – Die bundesweite Anlaufstelle für Selbsthilfe in Deutschland
Die meisten Selbsthilfegruppen finden sich auf lokaler Ebene; die persönliche Begegnung macht einen wichtigen Teil der Hilfe aus. Örtliche Selbsthilfekontaktstellen sind auf der Suche nach einer bestimmten Selbsthilfegruppe daher die ersten Ansprechpartner. Eine bundesweite Anlaufstelle ist die «Nationale Kontakt- und Informationsstelle für Selbsthilfegruppen» (NAKOS). Mit Beratungs- und Informationsangeboten, Veranstaltungen und Veröffentlichungen unterstützt NAKOS das Profil der Selbsthilfe, vernetzt die Aktiven und hilft bei der Interessenvertretung.
www.bmfsfj.de/Politikbereiche/freiwilliges-engagement,did=5858.html

Stiftung KOSCH
KOSCH ist die Dachorganisation der regionalen Kontaktstellen für Selbsthilfegruppen in der Schweiz.
Informationen und Adressen über Selbsthilfegruppen in der Schweiz und in Liechtenstein:
www.kosch.ch

ArGe Selbsthilfe Österreich
Themenübergreifende Selbsthilfe-Dachverbände und Selbsthilfe-Kontaktstellen und -Servicestellen Österreichs haben sich im Jahr 2000 zur ArGe Selbsthilfe Österreich zusammengeschlos-

sen, um eine Stärkung, Qualifizierung und Bündelung der Ressourcen in der Selbsthilfe zu erreichen. Weit über 1000 Selbsthilfegruppen in ganz Österreich sind über die ArGe zusammengeschlossen.
www.selbsthilfe-oesterreich.at